高等教育“十三五”规划教材

物理化学实验

主　编　杨冬花　樊金串
副主编　安新跃　安　霞　段　炼

中国矿业大学出版社

内容简介

全书共5个部分，绪论主要介绍了物理化学实验的基本知识、数据处理及安全知识等内容；基础实验部分选择了22个实验，涉及热力学、电化学、动力学、界面与胶体化学等内容，综合及设计性实验部分共选择了10个实验；实验用主要仪器部分主要介绍了仪器原理和使用方法、维护及注意事项；最后的附录部分主要列出了物理化学实验常用数据，其内容丰富，便于学生查阅。

全书内容丰富，叙述简练，可供工科院校的化学工艺、生物制药、生物工程、应用化学等相关专业的学生以及综合性大学、师范院校的学生和教师使用。

图书在版编目(CIP)数据

物理化学实验/杨冬花，樊金串主编．—2版．—徐州：中国矿业大学出版社，2018.6

ISBN 978-7-5646-3893-1

Ⅰ．①物… Ⅱ．①杨…②樊… Ⅲ．①物理化学—化学实验 Ⅳ．①O64-33

中国版本图书馆CIP数据核字(2018)第020515号

书　　名　物理化学实验

主　　编　杨冬花　樊金串

责任编辑　褚建萍

出版发行　中国矿业大学出版社有限责任公司

（江苏省徐州市解放南路　邮编221008）

营销热线　(0516)83885307　83884995

出版服务　(0516)83885767　83884920

网　　址　http://www.cumtp.com　**E-mail**:cumtpvip@cumtp.com

印　　刷　徐州中矿大印发科技有限公司

开　　本　787×1092　1/16　**印张** 9.25　**字数** 235千字

版次印次　2018年6月第2版　2018年6月第1次印刷

定　　价　23.00元

第二版前言

物理化学实验是物理化学课程教学的重要组成部分。随着科学技术的发展、仪器设备的更新和计算机的普及应用，物理化学实验的教学内容、要求和仪器设备的使用均已发生很大的变化。《物理化学实验》第一版出版发行十多年来，为学校物理化学实验教学水平的提高发挥了积极的作用，期间根据个别仪器的变化曾做过局部修改，也积累了一些需要修改补充的材料。为了更好地适应学科发展和教学需要，在第一版的基础上，针对使用过程中存在的缺陷和新增的实验设备，对章节布局和内容作了较大的改动。

本书在第一章绪论中突出了物理化学实验的安全防护，增加了实验数据的计算机处理的内容。第二章的基础实验中对原有内容作了较大的增删，增加了两个实验：凝固点降低法测定摩尔质量和黏度法测定液体的流动活化能，删去了结构化学部分的实验和部分实验内容；第三章综合及设计性实验中，增加了三个设计性实验：液体有机物燃烧热的测定、电导法测定微溶盐的溶度积、药物有效期的测定。将原综合性与设计性实验的废电池的回收和综合利用、工业含铬废水的处理方法归入设计性实验。在第四章的实验用主要仪器中以较大的篇幅将物理化学实验中的主要仪器和典型的实验方法做了介绍。在附录中，增加了一些物理化学实验常用的数据。

参加本书编写修订的有杨冬花、樊金串、安新跃、安霞、段炼、李艳春、杨慧敏、刘俊、武正黄和马青兰等。在本书编写过程中得到了太原理工大学董晋湘教授、谢鲜梅教授、陈树伟教授的指导，并得到了太原理工大学化学化工学院和基础化学实验中心领导和老师的大力支持。全书由樊金串和杨冬花教授统稿。

本书编写过程中，参考了国内同类教材的部分内容；本书的出版得到"太原理工大学本科生课程教学改革项目"资助，在此一并表示感谢。由于时间仓促，错误和不足在所难免，恳请广大读者提出宝贵意见。

编　者

2018 年 2 月于太原理工大学

第一版前言

物理化学是化学工程与工艺、制药工程、生物工程、应用化学、高分子材料、环境工程、矿物加工等专业基础课。面向21世纪，物理化学理论教学的教学体系、实验教学内容和教学方法均有不同程度的变革。化学是一门理论和实验结合的科学。物理化学实验作为物理化学理论和教学的补充和延伸，兼有理论验证、方法训练和能力培养诸方面的功能。根据物理化学基本要求和教学大纲的安排，为适应新形势、新情况的需要，从物理化学实验教学的实际出发，我们编写了这本物理化学实验教材。在本教材编写过程中，我们力求做到以下几点：① 更新理论，摈弃照葫芦画瓢、单纯传授知识的传统做法，努力营造培养学生创新能力的良好环境。② 充分利用现代高新技术，更新和充实实验技术和方法，渗透绿色化学的精髓。③ 从实际出发，融入多年的教学实践经验，丰富和发展了物理化学实验教学。参加本教材编写的有武正簧、杨冬花、安新跃、马青兰、樊金串、王清南、安霞、郭兴梅、杨慧敏。本书编写过程中得到了太原理工大学化学化工学院李瑞丰教授、谢鲜梅教授、常瑜教授的指导，并得到了化学基础部教师的大力支持。全书由周亚樵教授进行审稿。本书在编写过程中，参考了国内同类教材的部分内容。在此一并表示衷心感谢！由于时间仓促，错误及不足之处在所难免，希望读者和同仁们提出宝贵意见，并致诚挚谢忱。

编　者

2004年11月于太原理工大学

目 录

第一章 绪 论

一、物理化学实验的目的和要求

物理化学实验是继无机化学实验、分析化学实验和有机化学实验课之后的又一门基础化学实验课程，是物理化学教学中的重要环节，也是基础化学实验课程的最后一部分。实验教学内容综合了化学领域中各分支需要的基本研究工具和方法，它主要运用物理学和化学领域的一些重要实验技术和手段以及数学运算方法，研究物质的物理化学性质以及这些性质与化学反应之间的关系。

1. 实验目的

通过物理化学实验，学生可了解基本物理量与物理化学常数测定的基本方法和研究工具，巩固和加深对基础化学基本知识和基本原理的理解。该课程的目的是培养学生的基本实验方法、技能和科学研究能力，以及观察实验现象、查阅资料、分析处理实验数据和撰写实验报告的能力，引导学生利用物理化学及相关理论知识，解决化学、化工过程的基本问题，为学生今后从事专业研究打下坚实的基础。

2. 实验要求

物理化学实验大都涉及比较复杂的精密物理仪器，测量技术往往是建立在一套完整的化学理论基础之上的，因此，理论和实践相结合在物理化学实验中显得特别重要。为了使学生做好每一个实验，在实验中取得尽可能大的收获，要求学生做好以下几点：

(1) 实验前的预习

在进行实验之前，必须做好充分准备，明确实验中每一步如何进行，为什么要这样做，这样才能较好地完成实验课的任务，避免原理上、方法上的错误，因为这些错误有时可能导致整个实验的失败。另外根据物理化学实验的特点，往往采取循环安排，有些实验在理论课内容学习之前就要进行。因此，实验前充分进行预习，对于做好物理化学实验尤为重要。

预习时一般应做到仔细阅读实验教材，必要时参考教科书中的有关内容，学习实验方法、原理及如何使用仪器。要求了解实验目的，掌握实验原理，明确需要进行哪些测量，记录哪些数据，了解仪器的构造及操作，并写出预习报告。

预习报告内容包括：实验目的、简要的实验原理(写出通过测量哪些数据，根据什么公式计算可以得出什么结果)、简明实验步骤、注意事项和原始数据记录表格(根据实验内容设计)。

(2) 实验过程

进入实验室，首先检查实验仪器和试剂是否符合要求，有无破损，并做好实验前的一切准备工作(如洗涤玻璃仪器、整理好自己的实验台面等)。

在实验过程中，要严格按照实验操作规程及仪器使用方法进行操作，仔细观察实验现象，详细记录实验数据，并对数据的合理性做出初步判断。实验结束以前，应核对数据，并对最后结果进行估算，如有必要，可补测数据。

保持一个良好的记录习惯是基础化学实验的基本要求之一。记录实验数据时应注意，要随时将数据记在原始数据记录表格中，对所有的数据都应完整、如实地记录下来，不能随意涂改，对需要舍弃的数据，画上一条线即可。

实验中应注意爱护仪器，节约药品。如果是多人合作实验，注意实验中的独立操作和相互配合。实验室内应保持安静，不得高声喧哗及任意走动，应严格遵守实验室安全守则，以保证实验顺利进行。

实验结束后，清洗并整理好仪器，将原始记录交指导教师检查签字后方可离开实验室。

(3) 实验报告

认真写出实验报告是本课程的基本训练之一，它将使学生在实验数据处理、作图、误差分析、问题归纳等方面得到训练和提高。

实验报告的内容大致包括：实验目的、实验原理（简明扼要）、实验仪器和药品、实验步骤（简明扼要）、数据处理、结果分析与讨论、思考题回答等。

实验数据尽可能以表格形式表示，每一项标题应简单、准确，不要遗忘某些实验条件的记录，如室温、大气压力等。在数据处理中应写出计算公式，注明公式中所需的已知常数的数值，注意各数值所用的单位。若计算结果较多时，最好也用表格形式表示。作图必须用计算机或坐标纸作图，图要端正地粘贴在实验报告上。讨论的内容应包括实验中观察到的特殊现象，以及关于原理、操作、仪器设计和实验误差等问题的分析，实验的心得及对实验的改进建议等。

写实验报告可以有自己的风格，但必须清楚而简要。简要并不是排除必要的细节，而是用最简练的语言完整地表达所要说明的问题。对于一些技术名词，必须用严格的定义。

书写实验报告时，要求开动脑筋、钻研问题、耐心计算、仔细编写，反对粗枝大叶、字迹潦草。通过撰写实验报告，达到加深理解实验内容、提高写作能力和培养严谨科学态度的目的。

二、物理化学实验的安全防护

化学是一门实验科学，实验室的安全运行是保证实验顺利进行、确保实验者和国家财产安全的前提。在物理化学实验中，经常遇到高温、低温的实验条件，经常使用高气压（各种高压气瓶）、低气压（各种真空系统）、高电压、高频和带有辐射线（X 射线、激光、γ 射线）的仪器，因此需要实验者具备必要的安全防护知识，懂得应采取的预防措施，以及一旦事故发生后应及时采取的处理方法。

在先行的化学实验课中，已就化学药品使用的安全防护反复作了介绍，所以本书主要结合物理化学实验的特点，着重介绍安全用电常识、使用受压容器的安全防护和使用辐射源的安全防护，同时对实验者的人身安全防护作必要的补充。

1. 安全用电常识

在物理化学实验中，实验者要接触和使用多种电器设备，违章用电可能造成仪器设备损坏，甚至引起火灾、人身伤亡等严重事故，因此要特别注意安全用电。

(1) 防止触电

实验室所用的电源是频率为 50 Hz 的交流电，50 Hz 交流电下不同电流强度对人体的影响如表 1-1 所示。可见使用电器设备安全防护的原则是不要使电流通过人体，为此必须做到：

表 1-1　**50 Hz 交流电下的人体反应**

电流强度/mA	1～10	10～25	25～100	>100
人体反应	麻木	肌肉强烈收缩	呼吸困难甚至停止	心脏心室纤维性颤动，死亡

实验时，应先连接好电路后再接通电源；实验结束时，先切断电源再拆线路。

不要用潮湿的手接触电器，不要用手紧握可能带电的电器，不应以两手同时触及电器。严禁使用湿布擦拭正在通电的设备、电门、插座、电线等，电器设备上和电线线路上严禁潮湿。

一切电源裸露部分都应配备绝缘装置，电源开关应有绝缘盒，电线接头必须包以绝缘胶布或套胶管。所有电器设备的金属外壳应接地线。已损坏的接头或绝缘不好的电线应及时更换，不能直接用手触摸绝缘不好的通电电器。

万一不慎发生触电事故，应立即切断电源开关，对触电者采取急救措施。

(2) 防止引起火灾及短路

每个实验室都有规定允许使用的最大用电负荷，每路电线也有规定的限定用电负荷，超过时会使导线发热着火。导线不慎短路也容易引起事故。控制负荷超载的简便方法是按限定用电负荷使用熔断片(保险丝)。

室内若有氢气、煤气等易燃易爆气体，应避免产生电火花。继电器工作和开关电闸时，易产生电火花，要特别小心；电器接触点(如电插头)接触不良时，应及时修理或更换，避免在振动时产生电火花。电火花可能会引起实验室的燃烧与爆炸。

如遇电线起火，立即切断电源，用沙或二氧化碳、四氯化碳灭火器灭火，禁止用水或泡沫灭火器等导电液体灭火。

线路中各接点应牢固，电路元件两端接头不要互相接触，以防短路。电线、电器不要被水淋湿或浸在导电液体中。

(3) 电器仪表的安全使用

使用前，应检查仪器线路是否完好，连接是否正确。在使用过程中，如发现有不正常声响、局部温度升高或嗅到绝缘漆过热产生的焦味等，应立即切断电源，报告指导教师或专业人员进行检查。

仪表量程应大于待测量。待测量大小不明时，应从最大量程开始测量。

实验结束后，应断开线路或关闭电源，以延长仪器的使用寿命。

2. 使用受压容器的安全防护

物理化学实验室中使用的受压容器主要指高压储气瓶、真空系统、供气流稳压用的玻璃容器以及盛放液氮的保温瓶等。

(1) 高压储气瓶的安全防护

高压储气瓶是由无缝碳素钢或合金钢制成，按其所存储的气体及工作压力分类如表 1-2 所示；常用储气瓶的色标如表 1-3 所示。

使用气体钢瓶的主要危险是气体钢瓶可能会爆炸和漏气。为了安全使用，各类气瓶应定期送检验单位进行技术检查，一般气瓶至少每三年检验一次，充装腐蚀性气体的气瓶至少每两年检验一次。检验中若发现气瓶的质量损失率或容积增加率超过一定的标准，应降级使用或予以报废。

表 1-2　　标准储气瓶型号分类表

气瓶型号	用　途	工作压力 /(kgf/cm^2)	试验压力/(kgf/cm^2)	
			水压试验	气压试验
150	装氢、氧、氮、氩、氦、甲烷、压缩空气等	150	225	150
125	装二氧化碳及纯净水、煤气等	125	190	125
30	装氨、氯、光气等	30	60	30
6	装二氧化硫	6	12	6

注：1 kgf/cm^2＝0.1 MPa。

表 1-3　　常用储气瓶的色标

气瓶名称	外表面颜色	字　样	字样颜色	横条颜色
氧气瓶	天蓝	氧	黑	
氢气瓶	深绿	氢	红	红
氮气瓶	黑	氮	黄	棕
纯氩气瓶	灰	纯氩	绿	
氦气瓶	棕	氦	白	
压缩空气瓶	黑	压缩空气	白	
氨气瓶	黄	氨	蓝	
二氧化碳气瓶	黑	二氧化碳	黄	
氯气瓶	草绿	氯	白	白
乙炔瓶	白	乙炔	红	

为了保证安全，使用储气瓶必须按正确的操作规程进行，现简述有关注意事项如下：

① 气瓶放置要求

气瓶应存放在阴凉、干燥、远离热源（如夏日避免日晒，冬天与暖气片隔开，平时不要靠近炉火等）的地方，并用固定环将气瓶固定在稳固的支架、实验桌或墙壁上，防止受外来撞击和意外跌倒。易燃气体气瓶（如氢气瓶等）的放置房间，原则上不应有明火或电火花产生，确实难以做到时应该采取必要的防护措施。

② 使用时安装减压器（阀）

气瓶使用时要通过减压器使气体压力降至实验所需范围（CO_2，NH_3气瓶可不装减压器）。安装减压器前应确定其连接尺寸规格是否与气瓶接头相一致，接头处需用专用垫圈。一般可燃性气体气瓶接头的螺纹是反向的左牙纹，不燃性或助燃性气体气瓶接头的螺纹是正向的右牙纹。有些气瓶需使用专门减压器（如氨气瓶），各种减压器一般不得混用。

减压器都装有安全阀，它是保护减压器安全使用的装置，也是减压器出现故障的信号装置。减压器的安全阀应调节到接收气体的系统或容器的最大工作压力。

③ 气瓶操作要点

气瓶需要搬运或移动时，应拆除减压器，旋上瓶帽，并使用专门的搬移车。开启或关闭气瓶时，实验者应站在减压阀接管的侧面，不许将头或身体对准阀门出口。

气瓶开启使用时，应首先检查接头连接处、管道是否漏气，直至确认无漏气现象方可继续使用。使用可燃性气瓶时，更要防止漏气或将用过的气体排放在室内，并保持实验室通风良好。使用氧气瓶时，严禁气瓶接触油脂，实验者的手上、衣服上或工具上也不得沾有油脂，因为高压氧气与油脂相遇会引起燃烧。氧气瓶使用时发现漏气，不得用麻、棉等物去堵漏，以防发生燃烧事故。使用氢气瓶，导管处应加防止回火装置。

气瓶内气体不应全部用尽，应留有不少于 0.1 MPa 压力的气体，并在气瓶上标上用完的记号。

（2）受压玻璃仪器的安全防护

物理化学实验室的受压玻璃仪器包括供高压或真空实验用的玻璃仪器、装载水银的容器、压力计以及各种保温容器等。使用这类仪器时必须注意：

① 受压玻璃仪器的器壁应足够坚固，不能用薄壁材料或平底烧瓶之类的器皿。

② 供气流稳压用的玻璃稳压瓶，其外壳应裹以布套或细网套。

③ 物理化学实验中常用液氮作为获得低温的手段，在将液氮注入真空容器时要注意真空容器可能发生破裂，不要把脸靠近容器的正上方。

④ 装载水银的 U 形压力计或容器，要避免使用时玻璃容器破裂，造成水银溅到桌上或地上，因此，装载水银的玻璃容器下部应放置搪瓷盘或适当的容器。使用 U 形水银压力计时，应防止系统压力变动过于剧烈而使压力计中的水银散溅到系统外。

⑤ 使用真空玻璃系统时，要注意任何一个活塞的开、闭均会影响系统的其他部分，因此操作时应特别小心，防止在系统内形成高温爆鸣气混合物或让爆鸣气混合物进入高温区。在启开或关闭活塞时，应两手操作，一手握活塞套，一手缓缓旋转内塞，务必使玻璃系统各部分不产生力矩，以免扭裂。

在用真空系统进行低温吸附实验时，当吸附剂吸附大量吸附质气体后，不能先将装有液氮的保温瓶从盛放吸附剂的样品管处移去，而应先启动机械泵对系统进行抽空，然后移去保温瓶。因为一旦先移去低温的保温瓶，又不及时对系统抽空，则被吸附的吸附质气体，由于吸附剂温度的升高，会大量脱附出来，导致系统压力过大，使 U 形压力计中的水银冲出或引起封闭玻璃系统爆裂。

3. *使用辐射源的安全防护*

物理化学实验室的辐射源，主要指产生 X 射线、γ 射线、中子流、带电粒子束的电离辐射和产生频率为 10～100 000 MHz 的电磁波辐射。电离辐射和电磁波辐射作用于人体，都会造成人体组织的损伤，引起一系列复杂的组织机能的变化，因此必须重视使用辐射源的安全防护。

（1）电离辐射的安全防护

电离辐射的最大容许剂量，我国目前规定从事放射性工作的专业人员，每日不得超过 0.05 R（伦琴），从事非放射性工作的人员每日不得超过 0.005 R。同位素源放射的 γ 射线较 X 射线波长短、能量大，但 γ 射线和 X 射线对机体的作用是相似的，所以防护措施也是一致的，主要采用屏蔽防护、缩短使用时间和远离辐射源等措施。前者是在辐射源与人体之间添加适当的物质作为屏蔽，以减弱射线的强度。作为屏蔽物质，主要有铅、铅玻璃等。后者是根据受照射的时间愈短，人体所接受的剂量愈少，以及射线的强度随机体与辐射源的距离平方而衰减的原理，尽量缩短工作时间和加大机体与辐射源的距离，从而达到安全防护的目的。在实验时由于 X 射线和 γ 射线有一定的出射方向，因此实验者应注意不要正对出射方向站立，而应站在侧边进行操作。对于暂时不用或多余的同位素放射源，应及时采取有效的屏蔽措施，储存在适当的地方。

防止放射性物质进入人体是电离辐射安全防护的重要前提，一旦放射性物质进入人体，则上述的屏蔽防护和缩时加距措施就失去意义。放射性物质要尽量在密闭容器内操作，操作时必须戴防护手套和口罩，严防放射性物质飞溅而污染空气，加强室内通风换气，操作结束后应全身淋浴，切实地防止放射性物质从呼吸道或食道进入体内。

(2) 电磁波辐射的安全防护

高频电磁波辐射源作为特殊情况下的加热热源，目前已在光谱用光源和高真空技术中得到愈来愈多的应用。电磁波辐射能对金属、非金属介质以感应方式加热，因此也会对人体组织，如皮肤、肌肉、眼睛的晶状以及血液循环、内分泌、神经系统造成损害。

防护电磁波辐射的最根本最有效的措施是减少辐射源的泄漏，使辐射局限在限定的范围内。当设备本身不能有效地防止高频辐射的泄漏时，可利用能反射或吸收电磁波的材料，如金属、多孔性生胶和炭黑等做罩、网以屏蔽辐射源。操作电磁波辐射源的实验者应穿特制防护服和戴防护眼镜，镜片上涂有一层导电的二氧化锡、金属铬的透明或半透明的膜。同样，应加大工作处与辐射源之间的距离。

除上述电离辐射和电磁波辐射外，在物理化学实验中还应注意紫外线、红外线和激光对人体，特别是眼睛的损害。紫外线的短波部分(200～300 nm)能引起角膜炎和结膜炎。红外线的短波部分(760～1 600 nm)可透过眼球到达视网膜，引起视网膜灼伤症。激光对皮肤的烧伤情况与一般高温辐射性皮肤烧伤相似，不过它局限在较小的范围内。激光对眼睛的损伤是严重的，会引起角膜、虹膜和视网膜的烧伤，影响视力，甚至因晶体混浊发展为白内障。防护紫外线、红外线以及激光的有效办法是戴防护眼镜，但应注意不同光源、不同光强度时须选用不同的防护镜片，而且要切记不应使眼睛直接对准光束进行观察。对于大功率的二氧化碳气体激光，尽量避免照射中枢神经系统引起的伤害，实验者还需戴上防护头盔。

4. 个人安全防护要点

(1) 在实验室不适宜穿肥大的衣服，应穿工作服；禁穿鞋底上有铁钉的鞋子。在实验室里禁止戴隐形眼镜，如果眼睛里溅入药品，一定要及时处理。

(2) 实验者到实验室进行实验前，应首先熟悉仪器设备和各项急救设备的使用方法，了解实验楼的楼梯和出口，实验室内的电器总开关、灭火器具和急救药品在什么地方，以便一旦发生事故能及时采取相应的防护措施。

(3) 大多数化学药品都有不同程度的毒性，原则上应防止任何化学药品以任何方式进入人体。必须注意，有许多化学药品的毒性，是在相隔很长时间以后才会显示出来的；不要将使用小量、常量化学药品的经验，任意移用于大量化学药品的情况；更不应将常温、常压下实验的经验，在进行高温、高压、低温、低压的实验时套用；当进行有危险性或在严酷条件下的反应时，应使用防护装置，戴防护面罩和眼镜。

(4) 许多气体和空气的混合物有爆炸组分界限，当混合物的组分介于爆炸高限与爆炸低限之间时，只要有一适当的灼热源(如一个火花，一根高热金属丝)诱发，全部气体混合物便会瞬间爆炸。因此实验时应尽量避免能与空气形成爆鸣混合气的气体散失到室内空气中，同时实验室工作时应保持室内通风良好，不使某些气体在室内积聚而形成爆鸣混合气。实验需要使用某些与空气混合有可能形成爆鸣的气体时，室内应严禁明火和使用可能产生电火花的电器等。

(5) 玻璃割伤是常见的事故之一，避免玻璃割伤的最基本原则是切记勿对玻璃仪器的任何部分施加过度的压力和张力。当玻璃部件插入橡皮或软木塞时，首先应检查孔径大小是否合适，务必将手握在玻璃部件靠近橡皮或软木塞的部位缓缓旋进。

(6) 在实验中会涉及多种高温装置的使用，如电炉、热电偶、热分析仪等，如果操作错误容易发生烫伤事故，还可能引起火灾或爆炸危险。因此操作时必须十分谨慎。

三、物理化学实验中的误差分析

1. 误差的种类及产生的原因

在物理化学实验中，即使是同一实验者，使用同样的仪器，按照相同的实验方法进行实验，连续几次测定所得的数值往往或多或少地有些差异。一般取相近结果的平均值作为测定值，该测定值(又称最可能值)不一定是真实值。测定值与真实值之间的差值称为误差。误差的大小可以用来表示实验结果的可靠性。

误差一般分为三种：系统误差、偶然误差和过失误差。

(1) 系统误差

在同一条件下多次测量同一量时，误差的符号保持恒定(恒定偏大或恒定偏小)，其数值按某一确定的规律变化，这种误差称为系统误差。

产生系统误差的原因主要有下列几种情况：

① 测量方法本身的限制——如用固-液界面吸附法测定溶质分子的截面积，因实验原理中没有考虑溶剂的吸附，所以出现系统误差。

② 对实验理论探讨不够，或考虑影响因素不全面——如称量时未考虑空气的浮力，温度计的读数没有校正等。

③ 仪器药品带来的误差——如滴定管、移液管的刻度不准确、天平不灵敏、药品不纯净引起所配溶液的浓度不准确等。

④ 实验者本人习惯性误差——如滴定时，对溶液颜色的变化不敏感；读取仪表读数时视线偏于一边；使用秒表时，总是卡得较快或较慢等。

由于系统误差恒偏于一方，所以增加实验次数并不能使之消除。消除系统误差一般可以采取下列措施：

① 仔细考察所用的实验方法、计算公式，并采取相应的措施，尽量减小由此产生的系统误差。

② 用标准样品或标准仪器，校正由于仪器所产生的系统误差。

③ 用纯化的样品校正因样品不纯引起的系统误差。

④ 用标准样品校正由实验者本人操作习惯引起的系统误差。

(2) 偶然误差

在同一实验条件下测定某一量时，从单次测量值看，误差的绝对值时大时小，符号时正时负，呈现随机性，但是经多次测量，这些误差具有抵偿性，这类误差称为偶然误差。例如，同一实验者采用完善的仪器，选择恰当的方法，很细致地进行实验，但是在多次测量同一物理量时，仍然发现测量值之间存在着微小的差异，这就是偶然误差。

产生偶然误差的原因大致有下列几种情况：

① 估计仪表所示的最小读数，有时偏大，有时偏小。

② 控制滴定终点时，对指示剂颜色的鉴别时深时浅。

③ 实验往往要多次重复测定，要求尽可能在同样的外界条件下进行，可是目前尚难以

控制外界条件完全恒定不变，因此也会产生偶然误差。

从产生偶然误差的原因来看，在任何测量中，偶然误差总是存在的。它不能通过校正的方法来消除，只能通过概率的计算，求得多次实验结果的最可能值。偶然误差的数值时正时负，存在正负相抵消的机会；测定的次数越多，偶然误差的平均值应该越小。多次测量的平均值的偶然误差比单次测量的偶然误差小，这种性质称为抵偿性。所以增加测量次数是能够减小偶然误差的。

（3）过失误差

这是由于实验中犯了某种不应犯的错误所引起的误差。例如，实验者读错了数据、写错了记录或看错了仪器刻度等。显然在实验中是不允许出现这类误差的。只要专心致志、认真细心地进行实验，完全可以避免这类误差的产生。

2. 误差的表示方法

表示实验误差的方法很多。

测量值与真值之间的差异，称为绝对误差。绝对误差与真值之比称为相对误差。即

$$绝对误差=测量值-真值$$

$$相对误差=\frac{绝对误差}{真值}$$

一个量的真值，不可能通过实验求出，所以只好根据多次测定的结果求平均值，以此作为最可能值。测定的次数越多，最可能值越趋近于真值。

若在实验中对某物理量进行 k 次测量，各次测量结果的绝对误差分别为 ΔN_1、ΔN_2、…、ΔN_k，它们的算术平均值称为平均绝对误差，以 ΔN 表示，即

$$\Delta N=\frac{\Delta N_1+\Delta N_2+\cdots+\Delta N_k}{k}$$

将平均绝对误差 ΔN 与真值相比，其商即为平均相对误差，即

$$平均相对误差=\frac{平均绝对误差}{真值}$$

实际上，在物理化学实验中，测定的次数总是有限的，因此不得不以较少的测量次数所得结果的平均值代替真值或最可能值，用来计算实验的误差。严格地说，以平均值代替真值计算得到的误差应称为偏差，因而分别有

$$绝对偏差=测量值-平均值$$

$$相对偏差=\frac{绝对偏差}{平均值}$$

$$平均绝对偏差=各次绝对偏差的算术平均值$$

$$平均相对偏差=\frac{平均绝对偏差}{平均值}$$

除已给出真值的实验外，通常就以平均绝对偏差和平均相对偏差表示实验的误差。

3. 准确度和精密度

准确度是指测量值与真实值符合的程度。若实验的准确度高，说明测量值与真实值之间的差异小；若实验的准确度不高，说明测量值与真实值之间的差异大。精密度是指测量中所测数值重复性的好坏。假如所测数据重复性很好，那么此实验结果的精密度高，反之，精密度低。根据以上叙述，很显然，若一组测定值的准确度高，则此实验的系统误差小；若一组

测定值的精密度高，则此实验的偶然误差必然小。

在多次测量同一物理量时，尽管精密度很高，但准确度不一定好。例如在 101 325 Pa 下，测量水的沸点 50 次，若每次测量的数值都在 98.2～98.3 ℃之间，如 98.25 ℃，98.23 ℃，98.28 ℃，…，那么这些测量值的精密度很高，但是它们并不准确，因为大家公认，在 101 325 Pa 下，水的沸点应该是 100 ℃，这个公认的真实值 100 ℃与测量值之间的差异，是由系统误差产生的。在这种情况下，误差的来源可能是：温度计校正不当，压力读数不准确，温度计的测量位置不合适，或测量用水不纯净等。

4. 测量的精密度

对实验精密度的估计是根据偶然误差的计算确定的。偶然误差的表示方式最常见的有以下两种。

(1) 平均绝对偏差和平均相对偏差

假设在同一实验条件下，对某物理量进行 k 次测量，每次测量值分别为 N_1、N_2、…、N_k，k 次测量的平均值 N 为

$$N=\frac{N_1+N_2+\cdots+N_k}{k}$$

各次测量的绝对偏差分别为

$$\Delta N_1=N_1-N$$
$$\Delta N_2=N_2-N$$
$$\cdots\cdots$$
$$\Delta N_k=N_k-N$$

各次测量的相对偏差为

$$\frac{\Delta N_1}{N}、\frac{\Delta N_2}{N}、\cdots、\frac{\Delta N_k}{N}$$

根据以上所述，平均绝对偏差 ΔN 为

$$\Delta N=\frac{|\Delta N_1|+|\Delta N_2|+\cdots+|\Delta N_k|}{k}$$

$$平均相对偏差=\frac{\Delta N}{N}$$

(2) 均方根偏差

根据对偶然误差的研究，发现它符合高斯分布曲线(见图 1-1)，横坐标为偶然误差 δ，纵坐标为偶然误差出现的次数 n。这种曲线又称正态分布曲线，它的数学表达式为

$$n=\frac{1}{\sigma\sqrt{2\pi}}\mathrm{e}^{-\frac{\delta^2}{2\sigma^2}}$$

式中，$\sigma=\sqrt{\frac{1}{k}\sum\delta_i^2}$；$\sigma$ 为均方根误差；k 为测量次数。

从图 1-1 可以看出，σ 越小，误差分布曲线越尖锐，说明测量的精密度越高；σ 越大，误差分布曲线越平缓，说明测量的精密度越低。所以均方根误差可以表示测量的精密度。它可以作为评价精密度的标准，又称为标准误差。

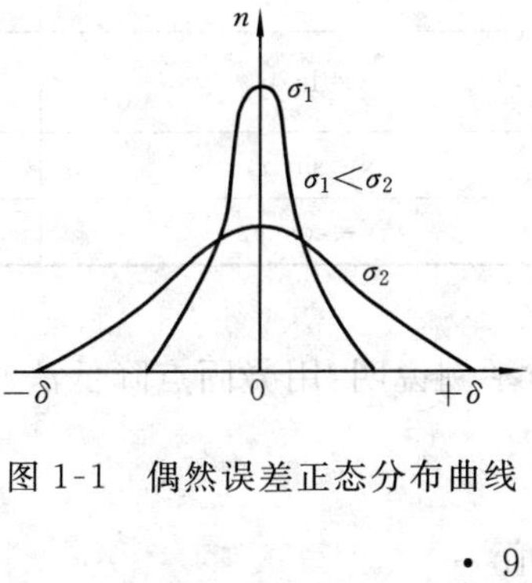

图 1-1 偶然误差正态分布曲线

在实际运算中，可以用绝对偏差代替偶然误差，所以均方根偏差应为

$$\sigma=\sqrt{\frac{\sum \Delta N_i^2}{k-1}}$$

表示误差时，还必须与测定的量联系起来，为此常用变异系数 CV 表示测量的精密度，即

$$CV=\frac{\sigma}{N}$$

上述表示偶然误差的方法，都可以用来衡量实验的精密度。根据误差理论，用均方根偏差表示实验的精密度最好。但是，这种方法计算烦琐，而平均偏差的计算要简便得多。所以，在一般的实验中，用平均绝对偏差和平均相对偏差表示实验的精密度即可。

5. 间接测量结果的误差计算

在大多数物理化学实验中，往往要测量几个物理量，通过运算才能得到所需要的结果，这称为间接测量。在间接测量中，每次直接测量的准确度都会影响最后结果的准确度。下面讨论怎样通过直接测量的误差计算间接测量的误差。

设直接测量的数据为 x、y，其绝对误差为 $\mathrm{d}x$、$\mathrm{d}y$，最后结果为 N，x、y 与 N 的函数关系为

$$N=F(x,y)$$

$$\mathrm{d}N=\left(\frac{\partial F}{\partial x}\right)_y \mathrm{d}x+\left(\frac{\partial F}{\partial y}\right)_x \mathrm{d}y$$

因此在运算过程中，误差 $\mathrm{d}x$ 和 $\mathrm{d}y$ 就会影响最后结果 N，使其产生 $\mathrm{d}N$ 的误差。各种运算过程所受影响的规律如表 1-4 所示。

表 1-4　各种运算过程所受影响的规律

运算过程	绝对误差	相对误差
$N=x+y$	$\pm(\mathrm{d}x+\mathrm{d}y)$	$\pm\left(\frac{\mathrm{d}x+\mathrm{d}y}{x+y}\right)$
$N=x-y$	$\pm(\mathrm{d}x+\mathrm{d}y)$	$\pm\left(\frac{\mathrm{d}x+\mathrm{d}y}{x-y}\right)$
$N=xy$	$\pm(x\mathrm{d}y+y\mathrm{d}x)$	$\pm\left(\frac{\mathrm{d}x}{x}+\frac{\mathrm{d}y}{y}\right)$
$N=\frac{x}{y}$	$\pm\frac{x\mathrm{d}y+y\mathrm{d}x}{y^2}$	$\pm\left(\frac{\mathrm{d}x}{x}+\frac{\mathrm{d}y}{y}\right)$
$N=x^m$	$\pm(mx^{m-1}\mathrm{d}x)$	$\pm\left(m\frac{\mathrm{d}x}{x}\right)$
$N=\ln x$	$\pm\left(\frac{\mathrm{d}x}{x}\right)$	$\pm\left(\frac{\mathrm{d}x}{x\ln x}\right)$
$N=\sin x$	$\pm(\cos x\,\mathrm{d}x)$	$\pm(\cot x\,\mathrm{d}x)$
$N=\cos x$	$\pm(\sin x\,\mathrm{d}x)$	$\pm(\tan x\,\mathrm{d}x)$

举例说明：用凝固点降低法测定溶质的相对分子质量，计算公式为

$$M=K_\mathrm{f}\frac{1\,000m}{m_0(T_\mathrm{f}^*-T_\mathrm{f})}$$

式中,M 为溶质的相对分子质量;K_f 为溶剂的凝固点降低常数;m 为溶质的质量;m_0 为溶剂的质量;T_f^*、T_f 分别为溶剂与溶液的凝固点。直接测量的数值为 m、m_0、T_f^*、T_f,试求 M 的误差。

令溶质质量 $m=0.3$ g,在分析天平上称重,其绝对误差 $\Delta m=0.000\,2$ g;溶剂质量 $m_0=20$ g,在粗天平上称重,其绝对误差 $\Delta m_0=0.05$ g。

测量凝固点用贝克曼温度计,其准确度为 0.002 ℃。测量溶剂凝固点 T_f^* 三次,其数值分别为 3.801 ℃、3.790 ℃、3.802 ℃,三次测量的平均值 $\overline{T_f^*}=3.797$ ℃,各次测量的绝对偏差分别为

$$3.797-3.801=-0.004(℃)$$
$$3.797-3.790=+0.007(℃)$$
$$3.797-3.802=-0.005(℃)$$

平均绝对偏差为:

$$\Delta\overline{T_f^*}=\pm\frac{0.004+0.007+0.005}{3}=\pm0.005(℃)$$

同样,测量溶液凝固点 T_f 三次,其数值分别为 3.500 ℃、3.504 ℃、3.495 ℃,仍按上述方法计算,得出 $\overline{T_f}=3.500$ ℃,则

$$\Delta\overline{T_f}=\pm0.003\ ℃$$
$$T_f=\overline{T_f}+\Delta\overline{T_f}=(3.500\pm0.003)℃$$

所以凝固点降低值为

$$\begin{aligned}T_f^*-T_f&=(3.797\pm0.005)-(3.500\pm0.003)\\&=(0.297\pm0.008)℃\end{aligned}$$

令 $\Delta T=0.297$ ℃,$\Delta(\Delta T)=0.008$ ℃,由此得出凝固点降低值的相对偏差为

$$\frac{\Delta(\Delta T)}{\Delta T}=\frac{0.008}{0.297}=2.7\times10^{-2}$$

$$\frac{\Delta m}{m}=\frac{0.000\,2}{0.3}=6.6\times10^{-4}$$

$$\frac{\Delta m_0}{m_0}=\frac{0.05}{20}=2.5\times10^{-3}$$

测定相对分子质量的相对误差应为

$$\begin{aligned}\frac{\Delta M}{M}&=\frac{\Delta(\Delta T)}{\Delta T}+\frac{\Delta m}{m}+\frac{\Delta m_0}{m_0}\\&=\pm(2.7\times10^{-2}+0.066\times10^{-2}+0.25\times10^{-2})\\&=\pm3.0\times10^{-2}\end{aligned}$$

通过上述计算,了解到测量相对分子质量的最大相对误差为 3.0%,同时还了解到:

① 用凝固点降低法测定相对分子质量,其相对误差主要决定于测量温度的准确性。若溶质较多,ΔT_f可能较大,相对误差可以相应减少。但应注意,凝固点降低的公式只适用于稀溶液,若溶液浓度过大,不一定使相对分子质量测定更准确。

② 精确称重并不能增加相对分子质量测定的准确度,因此不必采取过分准确的称重。例如用分析天平称溶剂的质量就没有必要。

③ 温度读数是实验的关键,因此在实验中应采取措施保证准确的温度数据。

通过上例说明，在实验进行之前，计算各测定值的误差及其影响能帮助选择正确的实验方法，选用精密度相当的仪器，并抓住测量中的关键，可得到较准确的结果。

6. 有效数字

测量误差与正确记录测量结果密切相关。一般采用有效数字来正确记录测量结果。所谓有效数字，就是测量的准确度所达到的数字，它包括测量中可靠的几位和最后估计的一位。例如：若以分度为 1 ℃的普通温度计测量水温为 26.5 ℃，2 和 6 为可靠数字，而 5 是估计数字；若以分度为$\frac{1}{10}$ ℃的精密温度计测量此水的温度，读数为 26.53 ℃，那么 2、6、5 都是可靠数字，而 3 则是估计数字。

关于有效数字的概念和规则，以及有效数字的运算法则，综述如下：

① 误差（指绝对误差和相对误差）的有效数字，一般只有一位，至多不超过两位。

② 任何一物理量的数据，其有效数字的最后一位，在位数上应与误差的最后一位一致。例如：用$\frac{1}{10}$ ℃的温度计测量水温为 26.53 ℃，正确表示应为(26.53±0.01) ℃；若写成(26.531±0.01) ℃，就夸大了测量的准确度；若写成(26.5±0.01) ℃，就缩小了测量的准确度。

③ 有效数字的位数越多，数值的准确度也越大，相对误差越小。例如：测量某物体的长度为 1.35 cm，误差±0.01，有效数字是三位，相对误差为 0.7%；若用螺旋测径器来测量，则为(1.350 0±0.000 1)cm，有效数字是五位，相对误差为 0.007%。

④ 任何一次直接测量值，都应读到仪器刻度的最小估计读数。如滴定时，滴定管的最小估计读数为 0.01 mL，读数的最后一位也要读到 0.01 mL。例如：消耗的溶液为 18.44 mL，不应记录为 18.4 mL。

⑤ 若第一位数字大于 8，则有效数字的总位数可以多算一位，例如 9.68，有效数字是三位，但是在运算时，可以看作四位。

⑥ 确定有效数字的位数时，应注意“0”这个符号，紧接在小数点后面的“0”不算有效数字；而在数值中的“0”应包括在有效数字中，如 0.003 065，这个数值有四位有效数字，至于 30 650 000，后面的四个“0”就很难说是不是有效数字。这种情况最好用指数表示法来表示有效数字。若是四位有效数字，可写为 3.065×10^7；若为五位有效数字，则可写为 $3.065\,0\times10^7$。

⑦ 运算中舍弃过多的不定数字时，应用“‘4’舍‘6’入、逢 5 尾留双”的法则。例如：将两个数值 9.435 和 4.685 整化为三位数，根据上述法则，整化后的数值为 9.44 与 4.68。

⑧ 在加减运算中，各数值小数点后所取的位数，以其中小数点后位数最少的为准。例如：0.012 1、25.64 和 1.057 8 相加，其和应为

$$\begin{array}{r} 0.01 \\ 25.64 \\ +\quad 1.06 \\ \hline 26.71 \end{array}$$

因为 25.64 只准确到小数点后第二位，第一个数值及第三个数值的准确度尽管比第二个数值高，但相加结果的准确度不能超过小数点后的第二位。

⑨ 在乘除运算中,各数保留的有效数字应以其中有效数字最低者为准。例如:1.436×0.205 68÷85,其中85的有效数字最少,由于首位是8,所以看成三位有效数字,其余两个数值,也应保留到三位,最后结果也只保留三位有效数字,即

$$\frac{1.44\times 0.206}{85}=3.49\times 10^{-3}$$

用对数运算时,对数中首数不是有效数字,对数中尾数的位数与各值的有效数字相当或者多一位。

四、实验数据的表达方法

实验数据的表达方法主要有三种:列表法、图解法和数学方程式法。

1. *列表法*

列表法是实验数据和结果表示的主要方法之一。在物理化学实验中,多数测量至少包括两个变量,在实验数据中,选出自变量和因变量,将两者的对应值列成表格,这通常是整理数据的第一步,是标绘曲线图或分析阐明实验结果规律性的基础。列表时应注意以下几点:

① 表格都应写出表序及表格名称。

② 每行(或列)的开头一栏都要列出物理量的名称和单位,并把二者表示为相除的形式。因为物理量的符号本身是带有单位的,除以它的单位,即等于表中的纯数字。例如 V/mL;或者是这些纯数的数学函数,例如 ln(p/MPa)。

③ 表中的数值应用最简单的形式表示,公共的乘方因子应写在开头一栏与物理量符号相乘的形式。

④ 在每一行中的数字要排列整齐,小数点应对齐。

⑤ 表格中表达的数据顺序为:由左到右,由自变量到因变量,直接测量的数值可与处理的结果并列在一张表上,必要时应在表的下面注明数据的处理方法或数据的来源。

⑥ 表中所有数值的填写都必须遵守有效数字规则。

表1-5是 CO_2 的平衡性质,其形式可作为一般参考。

表 1-5　　CO_2 的平衡性质

t/℃	T/K	10^3 K/T	p/MPa	ln(p/MPa)	V_{gm}/(cm^3/mol)	pV_{gm}/RT
−56.60	216.55	4.617 9	0.518 0	−0.657 8	3 177.6	0.914 2
0.00	273.15	3.661 0	3.485 3	1.248 5	456.97	0.701 3
31.04	304.19	3.287 4	7.382 0	1.999 0	94.060	0.274 5

像 V_{gm}/(cm^3/mol)这样的栏头,如果嫌它占的地方太宽,可以用相当的其他式子来代替。例如,可以将其写成

$$\frac{V_{gm}}{cm^3/mol}$$

有时也可以将长的组合单位用一个简单的符号来代表,而在表的下面说明符号的意义。

2. *图解法*

用图解法表示实验数据,能直观地显示出所研究变量的变化规律,如极大值、极小值、转折点、周期性和变化速率等重要特性,并可以从图上简便地找出各变量中间值,还便于数据的分析比较,确定经验方程式中的常数等。其用处极为广泛,其中最重要的有:

(1) 表达变量间的定量依赖关系

以自变量为横坐标,因变量为纵坐标,在坐标纸上标绘出数据点(x_i,y_i),然后按作图规则(见后)画出曲线,此曲线便可表示出两变量的定量关系。在曲线所示的范围内,可求对应于任意自变量数值的因变量数据。

(2) 求极值或转折点

函数的极大值、极小值或转折点,在图形上表现得很直观。例如环己烷-乙醇双液系相图确定最低恒沸点(极小值)和凝固点下降法测摩尔质量实验中从步冷曲线上确定凝固点(转折点)等。

(3) 求外推值

当需要的数据不能或不易直接测定时,在适当的条件下,常用作图外推法求得。所谓外推法,就是根据变量间的函数关系,将实验数据描述的图像延至测量范围以外,求得该函数的极限值。例如用黏度法测定高聚物的相对分子质量实验中,首先必须用外推法求得溶液的浓度趋于零时的黏度(即特性黏度)值,才能算出相对分子质量。

必须指出,使用外推法必须满足以下条件:一是外推的那个区间离实际测量的那个区间不能太远;二是在外推的那段范围及其邻近测量数据间的函数关系是线性关系或可以认为是线性关系;三是外推所得结果与已有的正确经验不能有抵触。

(4) 求函数的微商(图解微分法)

作图法不仅能表示出测量数据间的定量函数关系,而且还可以从图上求出各点函数的微商,而不必先求出函数关系的解析表达式,这种方法称图解微分法。具体做法是在所得曲线上选定若干个点,然后采用几何作图法,做出各切线,计算出切线的斜率,即得该点函数的微商值。

(5) 求导数函数的积分值(图解积分法)

设图形中的因变量是自变量的导数函数,则在不知道该导数函数解析表达式的情况下,亦能利用图形求出定积分值,这种方法称图解积分法。求曲线下所包含的面积常用此法。

作图时应注意如下几点:

① 工具

在处理物理化学实验数据时作图所需工具主要有铅笔、直尺、曲线板、曲线尺、圆规等。铅笔一般以中等硬度(例如 1H)为宜,太硬或太软的铅笔、颜色笔、蓝墨水钢笔都不适于此处作图。直尺和曲线板应选用透明的,作图时才能全面观察实验点的分布情况,两者的边均应平滑。圆规在这里主要作直径为 1 mm 左右的小圆用,最好使用专供绘制这种小圆用的“点圆规”。

② 坐标纸

最常用的是直角坐标纸,半对数坐标纸和对数-对数坐标纸也常用到。在表达三组分体系相图时,则常用三角坐标纸。

③ 坐标轴

用直角坐标纸作图时,以自变量为横轴、因变量(函数)为纵轴,坐标轴比例尺的选择一般遵循下列原则:

a. 能表示出全部有效数字,使图上读出的各物理量的精密度与测量时的精密度一致。

b. 方便易读。例如用坐标轴 1 cm 表示数量 1、2 或 5 都是适宜的，表示 3 或 4 就不好了，表示 6、7、8、9 在一般场合下是不妥的。

c. 在前两个条件都满足的前提下，还应考虑充分利用图纸。若无必要，不必把坐标的原点作为变量的零点。曲线若系直线，或近乎直线，则应被安置在图纸的对角线附近。

比例尺选定后，要画上坐标轴，在轴旁注明该轴变量的名称及单位。在纵轴的左面和横轴的下面每隔一定距离(例如 5 cm 间距)写下该处变量应有的值，以便作图及读数，但不要将实验值写在轴旁。

④ 代表点

代表点是指在坐标中与测得的各数据相对应的点。描点时，应用细铅笔将所描的点准确而清晰地标在其位置上，可用○，△，□，×等符号表示，符号总面积表示了实验数据误差的大小，所以不应超过 1 mm 格。同一图中表示不同曲线时，要用不同的符号描点，以示区别。

⑤ 曲线

在图纸上画好代表点后，按代表点的分布情况，作一曲线，表示代表点的平均变化情况。因此，曲线无须全部通过各点，只要使各代表点均匀地分布在曲线两侧邻近即可，或者更确切地说，是要使所有代表点离开曲线距离的平方和为最小，这就是“最小二乘法原理”(关于“最小二乘法原理”，后面还要谈到)。

曲线的具体画法：先用淡铅笔轻轻地循各代表点的变动趋势，手描一条曲线(这条曲线当然不会十分平滑)，然后用曲线板逐段凑合手描线的曲率，做出光滑的曲线。这里要特别注意各段接合处的连续，做好这一点的关键是：a. 不要将曲线板上的曲边与手描线所有重合部分一次描完，一般只描半段或 2/3 段；b. 描线时用力要均匀，尤其在线段的起、终点时，更应注意用力适当。

⑥ 图名及图坐标的标注

每个图应有序号和简明的标题(即图名)，写在图的下方，有时还应对测试条件等方面作简要说明。曲线图坐标的标注也应该是一个纯数学关系式。图 1-2 是 CO_2 的平衡性质 $\ln(p/\text{MPa})$ 与 $1/T$ 的关系图，其标注可以作为一般参考。

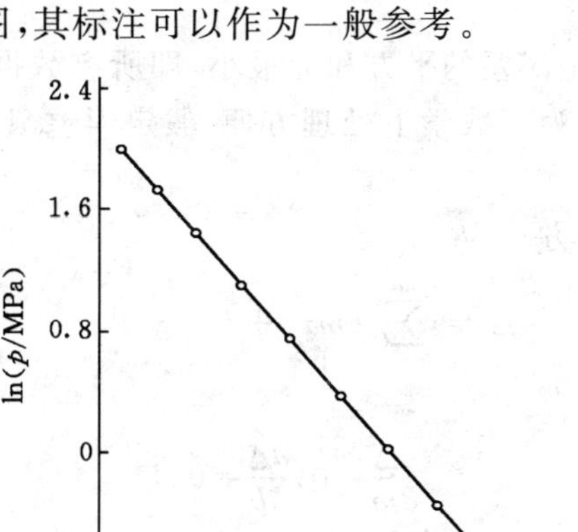

图 1-2　平衡性质 $\ln(p/\text{MPa})$ 与 $1/T$ 的关系

3. *数学方程式法*

将一组实验数据用数学方程式表达出来是最为精练的一种方法。它不但方式简单而且便于进一步求解，如积分、微分、内插等。此法首先要找出变量之间的函数关系，然后将其线性化($y=mx+b$)，进一步求出直线方程的系数——斜率 m 和截距 b，即可写出方程式。也可将变量之间的关系直接写成多项式，通过计算机曲线拟合求出方程系数。

求直线方程系数一般有三种方法：

(1) 图解法

将实验数据在直角坐标纸上作图，得一直线，此直线在 y 轴上的截距即为 b 值(横坐标原点为零时)；直线与轴夹角的正切值即为斜率 m。或在直线上选取两点(此两点应远离)(x_1,y_1)和(x_2,y_2)，则

$$m=\frac{\Delta y}{\Delta x}=\frac{y_2-y_1}{x_2-x_1}$$

$$b=\frac{y_1x_2-y_2x_1}{x_2-x_1}$$

(2) 平均法

若将测得的 n 组数据分别代入直线方程式，则得 n 个直线方程

$$y_1=mx_1+b$$
$$y_2=mx_2+b$$
$$\vdots$$
$$y_n=mx_n+b$$

将这些方程分成两组，分别将各组的 x,y 值累加起来，得到两个方程

$$\sum_{i=1}^{k}y_i=m\sum_{i=1}^{k}x_i+kb$$

$$\sum_{i=k+1}^{n}y_i=m\sum_{i=k+1}^{n}x_i+(n-k)b$$

解这两个方程，可得 m,b 值。

(3) 最小二乘法

最小二乘法的基本假设是误差的平方和为最小，即所有数据点与计算得到的直线之间偏差的平方和为最小。通常，为了数学上处理方便，假定误差只出现在因变量 y，且假定所有数据点都同样可靠。

对于直线方程，其误差平方和为

$$\Delta=\sum_{i=1}^{n}(mx_i+b-y_i)^2$$

欲使其最小，则应有

$$\frac{\partial\Delta}{\partial m}=0,\frac{\partial\Delta}{\partial b}=0$$

这样可得两个方程

$$b\sum_{i=1}^{n}x_i+m\sum_{i=1}^{n}x_i^2-\sum_{i=1}^{n}x_iy_i=0$$

$$nb+m\sum_{i=1}^{n}x_i-\sum_{i=1}^{n}y_i=0$$

解这两个方程可得

$$m=\frac{n\sum_{i=1}^{n}x_iy_i-\sum_{i=1}^{n}x_i\sum_{i=1}^{n}y_i}{n\sum_{i=1}^{n}x_i^2-\left(\sum_{i=1}^{n}x_i\right)^2}$$

$$b=\frac{\sum_{i=1}^{n}y_i\sum_{i=1}^{n}x_i^2-\sum_{i=1}^{n}x_i\sum_{i=1}^{n}x_iy_i}{n\sum_{i=1}^{n}x_i^2-\left(\sum_{i=1}^{n}x_i\right)^2}$$

此过程即为线性拟合或称线性回归。

相关系数的概念出自于误差的合成，来表达两变量之间的线性相关程度，表达式为

$$R=\frac{\sum_{i=1}^{n}(x_i-\bar{x})\sum_{i=1}^{n}(y_i-\bar{y})}{\sqrt{\sum_{i=1}^{n}(x_i-\bar{x})^2\sum_{i=1}^{n}(y_i-\bar{y})^2}}$$

五、实验数据的计算机处理

物理化学实验中的数据处理与图形表示是很重要的步骤，而用计算机的相关专业软件可以准确地、快速地解决此类问题。现简单介绍 Microsoft 公司的 Excel 软件和 Origin Lab 公司的 Origin 软件在物理化学实验数据处理中的应用。

以液体饱和蒸气压测定的实验数据为例来说明：通过实验测定了某液体在不同温度(t)下的饱和蒸气压(p)数据，要求计算 T、$1/T$ 和 $\ln p$，绘制 $\ln p$-$1/T$ 关系曲线并给出其关系式。

1. 应用 Excel 处理实验数据

(1) 输入原始数据

输入的原始数据如图 1-3 所示。

	A	B
1	t/℃	p/kPa
2	25	8.56
3	30	11.51
4	35	14.81
5	40	18.75
6	45	24.56
7	50	30.51
8		
9		

图 1-3 原始数据(一)

(2) 数据处理

在 C2 单元格中输入公式“=A2+273.15”，D2 单元格中输入公式“=1000 * 1/C2”，E2 单元格中输入公式“=LN(1000 * B2)”，同列单元格所用公式相同，可以进行拖拉操作，例如选中 C2 单元格，鼠标移到右下角出现黑色十字时向下拖拉，即得计算结果，如图 1-4 所示。

	A	B	C	D	E
1	t/℃	p/kPa	T/K	10^3K/T	ln(p/Pa)
2	25	8.56	298.15	3.354016	9.054855
3	30	11.51	303.15	3.298697	9.350972
4	35	14.81	308.15	3.245173	9.603058
5	40	18.75	313.15	3.193358	9.838949
6	45	24.56	318.15	3.143171	10.10887
7	50	30.51	323.15	3.094538	10.32581
8					

图 1-4　计算结果(一)

注意,计算结果有效数字的选择可以通过“设置单元格格式”的命令完成。具体操作:先选中 D,E 两列数据,然后点击鼠标右键的“设置单元格格式”命令,选择小数位数,点“确定”即可,如图 1-5 所示。

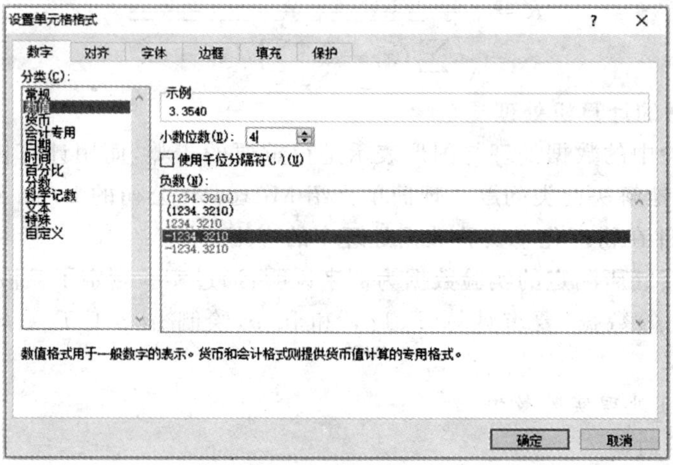

图 1-5　“设置单元格格式”对话框

(3) 绘制图形

选中 D,E 两列数据,点击“插入”菜单,选“散点图”,这样出现初步的图形,然后进行图形美化,删掉图中的横线、图例项、图表标题,选中图后点击“布局”菜单,选“坐标轴标题”,加入 x 轴和 y 轴标题,得到如图 1-6 所示图形。

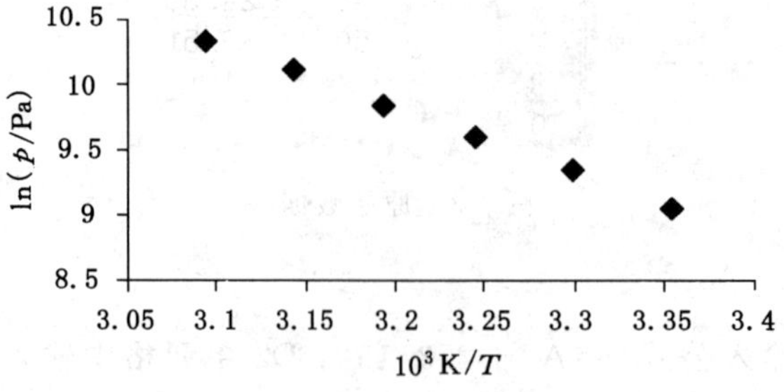

图 1-6　绘制图形(一)

(4) 线性拟合

选中图后点击“布局”菜单,点击“趋势线”,选“其他趋势线选项”,显示如图 1-7 所示对话框,

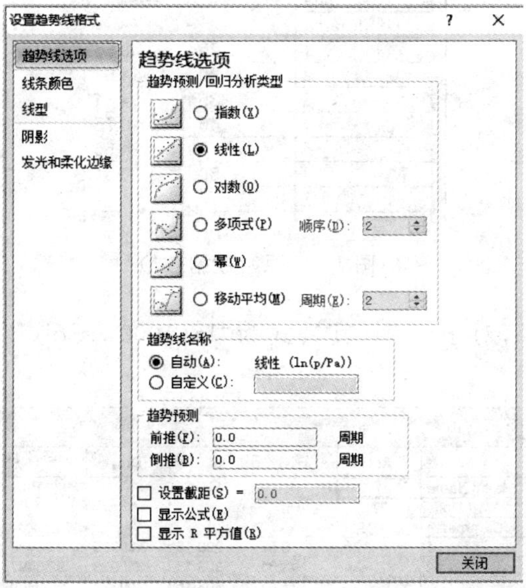

图 1-7 “设置趋势线格式”对话框

选“线性”“显示公式”“显示 R 平方值”等命令,即可完成线性拟合,得到图 1-8 所示图形。图中给出拟合的方程和 R 平方值。最后进行计算时应注意,图中显示的斜率数值要乘上 1 000 才能得到正确的结果。

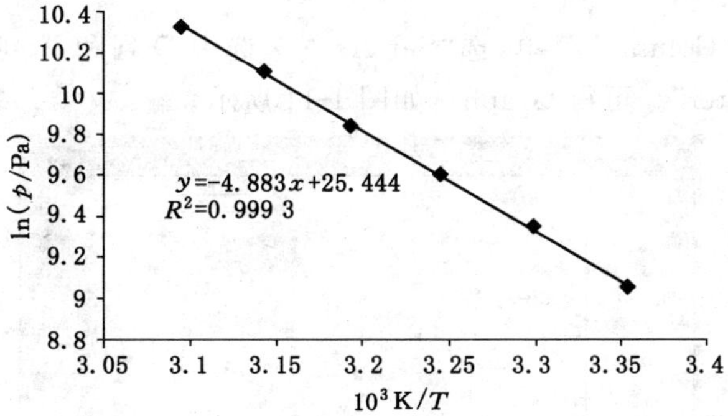

图 1-8 线性拟合后图形(一)

从上面的对话框中的选项看,也可以进行“指数”“对数”“多项式”等非线性拟合。

2. 应用 Origin 软件处理实验数据

(1) 输入原始数据

在 Origin 程序的 Book1 中的 A 列和 B 列输入原始数据(见图 1-9)。

(2) 数据处理

点击“Column”菜单,选“Add New Columns”,添加 C 列、D 列和 E 列,选中 C 列,点击“Column”菜单,选“Set Column Values”,在对话框中输入公式“Col(A)+273.15”,对于 D

Book1	A(X)	B(Y)
Long Name	*t*	*p*
Units	℃	kPa
Comments		
1	25	8.56
2	30	11.51
3	35	14.81
4	40	18.75
5	45	24.56
6	50	30.51
7		

图 1-9　原始数据(二)

列,其公式为"1/Col(C)",对于 E 列,其公式为"ln(1000 * Col(B))"。得到计算结果如图 1-10 所示。

Book1	A(X)	B(Y)	C(Y)	D(Y)	E(Y)
Long Name	t	p	T	1/T	ln(p/Pa)
Units	℃	kPa	K	K^{-1}	
Comments					
1	25	8.56	298.15	0.00335	9.05486
2	30	11.51	303.15	0.0033	9.35097
3	35	14.81	308.15	0.00325	9.60306
4	40	18.75	313.15	0.00319	9.83895
5	45	24.56	318.15	0.00314	10.10887
6	50	30.51	323.15	0.00309	10.32581
7					
8					

图 1-10　计算结果(二)

(3) 绘制图形

选中 D 列,点击"Column"菜单,选"Set As X",选中 D 列和 E 列,点击"Plot"菜单,选"Symbol",再选"Scatter"。可得 Graph1,如图 1-11 所示。

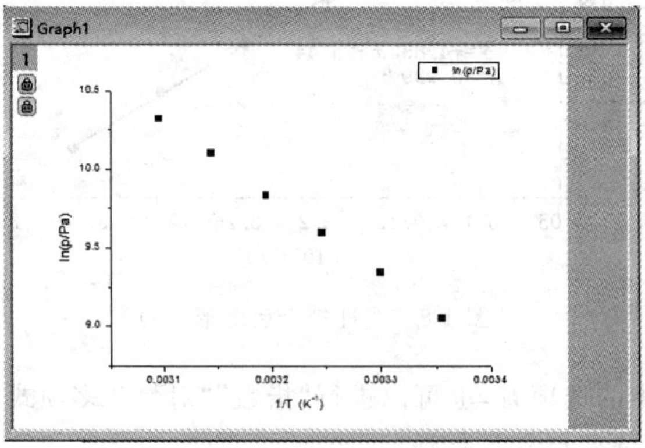

图 1-11　绘制图形(二)

(4) 线性拟合

点击"Analysis"菜单,选"Fitting",选"Fit linear",即完成线性拟合,得到图 1-12 所示图形。图中给出拟合的方程和 R 平方值等数据,$R^2 = 0.999$,表明数据的线性相关性很好。

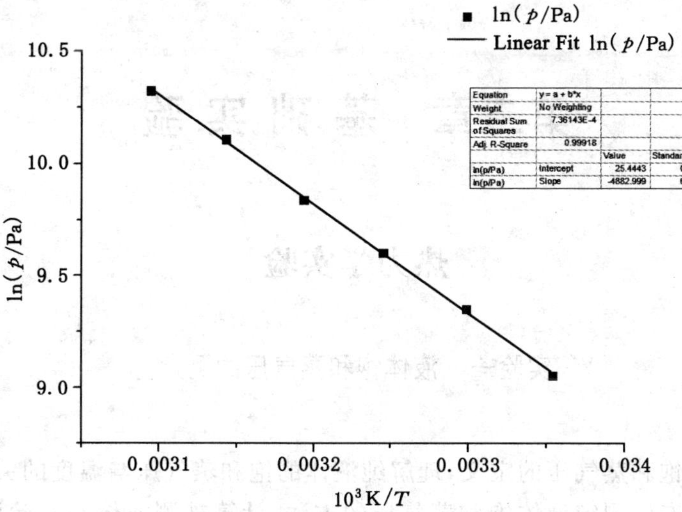

图 1-12　线性拟合后图形(二)

完成上述步骤后,还可以进一步美化图形,相关方法参考软件帮助。

如果两个物理量间不呈线性关系,如溶液表面张力测定实验中,表面张力随溶液浓度的变化呈曲线,若要得到某点的一阶微分值也可用该软件获得,具体操作如下:点击"Analysis"菜单,选"Mathematics",选"Differentiate",选"Open Dialog","Derivation Order"填写"1",可得一阶微分值。如图 1-13 所示。如果要得到其关系式,则需要进行非线性拟合。

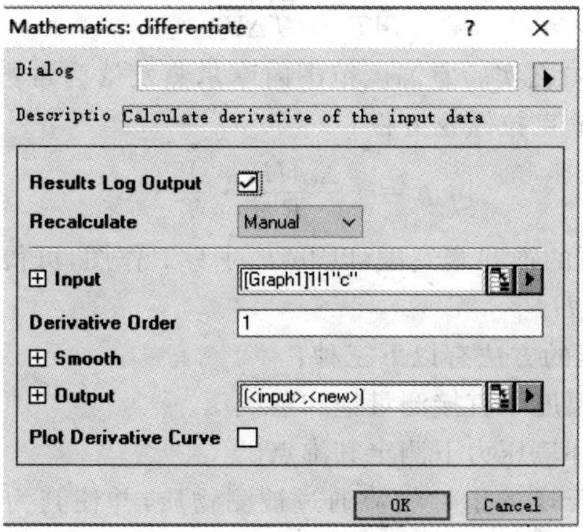

图 1-13

第二章　基础实验

热力学实验

实验一　液体饱和蒸气压的测定

一、实验目的

(1) 掌握液体饱和蒸气压的定义，理解纯液体的饱和蒸气压与温度的关系；

(2) 掌握用静态法测定液体饱和蒸气压的方法，计算被测液体在实验温度范围内的平均摩尔蒸发焓；

(3) 掌握真空实验技术、恒温槽及气压计的使用方法。

二、实验原理

在一定温度下，在一真空的密闭容器中，液体能很快与它的蒸气建立动态平衡，这样液面上方蒸气的压力就是液体在此温度时的饱和蒸气压。蒸发单位物质的量的液体所吸收的热量称为该温度下液体的摩尔蒸发焓。

液体的饱和蒸气压与温度的关系适用克拉佩龙方程

$$\frac{\mathrm{d}p}{\mathrm{d}T}=\frac{\Delta_{\mathrm{vap}}H_{\mathrm{m}}}{T\Delta V_{\mathrm{m}}} \tag{2-1-1}$$

假设蒸气为理想气体，在实验室温度范围内摩尔蒸发焓为常数，并略去液体的体积，可将上式积分得到克劳修斯-克拉佩龙方程

$$\ln p=-\frac{\Delta_{\mathrm{vap}}H_{\mathrm{m}}}{R}\cdot\frac{1}{T}+C \tag{2-1-2}$$

测定不同温度下液体的饱和蒸气压，以 $\ln p$ 对 $1/T$ 作图，可得一直线，由直线斜率可求算液体的摩尔蒸发焓 $\Delta_{\mathrm{vap}}H_{\mathrm{m}}$。

测定液体饱和蒸气压的方法有以下三种：

(1) 静态法：在某一温度下直接测量饱和蒸气压。

(2) 动态法：在不同环境压力下测定其沸点。

(3) 饱和气流法：使干燥的惰性气流通过被测物质，并使其为被测物质所饱和，然后测定所通过的气体中被测物质蒸气的含量，就可根据分压定律算出被测物质的饱和蒸气压。

本实验采用静态法，利用等压计在不同温度下测定无水乙醇的饱和蒸气压。等压计的外形见图 2-1-1。小球中盛被测样品，U 形管部分以样品本身作封闭液。

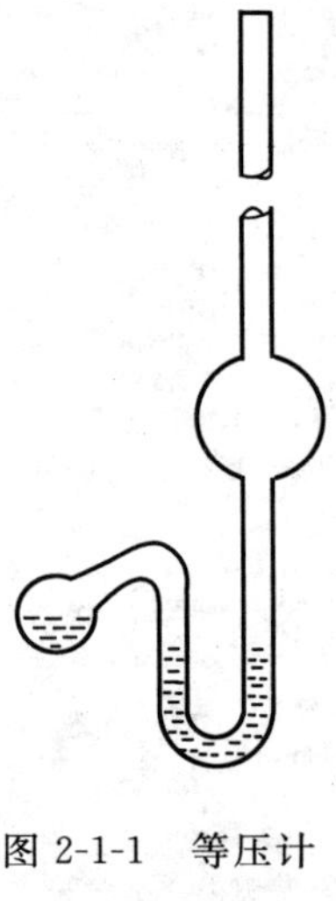

图 2-1-1　等压计

在一定温度下，若小球液面上方仅有被测物质的蒸气，那么在 U 形管左支管液面上所得到的压力就是其蒸气压。当这个压力与

U形管右支管液面上空气的压力相平衡(U形管两臂液面齐平)时,就可从与等压计相接的微压差计上测出在此温度下的饱和蒸气压。实验装置如图 2-1-2 所示。

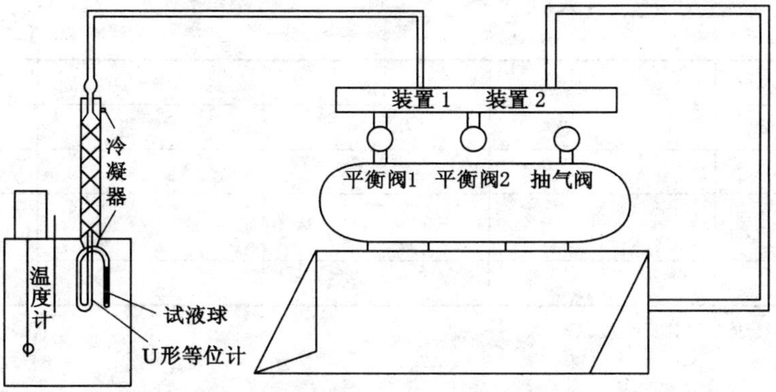

图 2-1-2 蒸气压测定装置示意图

三、仪器与试剂

饱和蒸气压测定装置 1 套,真空泵 1 台。

无水乙醇。

四、实验步骤

(1) 开冷凝水,打开装置的电源开关,预热 15 min,读取大气压力值。

(2) 系统气密性检查:关闭进气口平衡阀 2,打开平衡阀 1、抽气阀,开动真空泵,抽真空 2～3 min,关闭抽气阀,此时若数字压力计上的数字基本不变,则说明系统不漏气。若改变则应逐段检查,消除漏气原因。

(3) 取下等压计,在等压计的小球中装入 2/3 体积的乙醇,在U形管中也装入一定量的乙醇,安装好等压计。

(4) 设置控制温度:按“工作/置数”键,置数指示灯亮,依次按“X10”、“X1”、“X0.1”键,调整到所设定的温度 30 ℃,再按“工作/置数”键,工作指示灯亮,进入升温状态。

(5) 当水浴温度达到 30 ℃时,关闭进气口平衡阀 2,打开平衡阀 1,开动真空泵,打开抽气阀,抽出系统内的空气(压力计显示－90 kPa 左右),当等压计中的乙醇沸腾 2～3 min 时,关闭抽气阀,缓慢打开平衡阀 2 放入空气,当U形等压计中两臂的液面相平时关闭平衡阀 2,读取温度值和相对真空度值。每个温度测三个数,取平均值。

(6) 用同样的方法测 35 ℃、40 ℃、45 ℃时的温度及相对真空度数据。

(7) 实验结束后,慢慢打开平衡阀 2,使压力显示为零。关闭冷凝水,关闭真空泵,关闭抽气阀,最后关闭各仪器电源,整理好仪器装置。

【注意】

(1) 当等压计中两臂的液面调平时,一定要迅速关闭平衡阀 2,严防空气倒灌影响实验的进行。否则应重新抽真空后方能进行实验。

(2) 升温过程中,当U形等压计中液体发生暴沸时,可缓慢打开平衡阀 2,放入少量空气,防止液体大量挥发而影响实验。

五、数据记录与处理

(1) 将测得的数据及计算结果列表。

室温:______________;大气压:______________

温度 T/K				
相对真空度/kPa				
蒸气压 p/kPa				
$\frac{1}{T}$/K^{-1}				
$\ln(p/Pa)$				

注:蒸气压=大气压+相对真空度。

(2) 根据实验数据做出 $\ln p$-$\frac{1}{T}$关系图。

(3) 计算无水乙醇在实验温度范围内的平均摩尔蒸发焓。

六、思考题

(1) 克劳修斯-克拉佩龙方程在什么条件下才适用?

(2) 升温时如液体暴沸,应采取何种措施?

(3) 在开启平衡阀 2 放入空气时,放得过多应采取何种措施?

(4) 摩尔蒸发焓与温度有无关系?

实验二　燃烧热的测定

一、实验目的

(1) 了解氧弹式量热计的原理、构造及使用方法;

(2) 明确燃烧热的定义;

(3) 用氧弹式量热计测量蔗糖的燃烧热。

二、实验原理

单位物质的量的某物质完全氧化时的反应热称为燃烧热。所谓完全氧化是指:C→CO_2(g),H→H_2O(l),S→SO_2(g),N、卤素、Ag 等元素变为游离状态。

利用燃烧热的数据可以计算化学反应的反应热,即

$$\Delta_r H_m^{\ominus} = -\sum \nu_B \Delta_c H_m^{\ominus}(B)$$

对于有机化合物,通常利用燃烧热的基本数据求算反应热。燃烧热可在恒容或恒压情况下测量,由热力学第一定律可知:在不做非体积功的条件下,恒容燃烧热 $Q_V=\Delta U$,恒压燃烧热 $Q_p=\Delta H$。在体积恒定的氧弹式量热计中测得的燃烧热为 Q_V,而通常从手册中查得的数据为 Q_p,这两者可按下面公式进行换算

$$Q_p = Q_V + RT\Delta n \qquad (2\text{-}2\text{-}1)$$

式中,Δn 为反应前后生成物和反应物中气体物质的量之差;R 为摩尔气体常数;T 为反应温度,用绝对温度表示。

本实验中测量的基本原理是能量守恒定律。先在盛水容器中放入装有样品和氧气的密闭氧弹,以燃烧丝引火,使 m(g)样品完全燃烧,放出的热量全部传给水和仪器,使温度上升。

若已知水量为 a(g)，水的比热容为 c[J/(g·K)]，仪器的总热容为 $C_{总}$（量热计中氧弹、筒每升高 1 K 所需的总热量，J/K），燃烧丝燃烧热为 q(J/cm)，引火燃烧丝长度为 h(cm)，始末温度分别为 T_n、T_0，则 m(g)物质的恒容热符合以下关系

$$qh+\frac{m}{M}Q_{V,\mathrm{m}}=-(ca+C_{总})(T_n-T_0) \tag{2-2-2}$$

该物质的摩尔燃烧热为

$$Q_{V,\mathrm{m}}=\frac{M}{m}[-(ca+C_{总})(T_n-T_0)-qh] \tag{2-2-3}$$

若每次实验时水量相等，对同一台仪器 $C_{总}$ 不变，则($ca+C_{总}$)可视为定值 K，上式改为

$$Q_{V,\mathrm{m}}=\frac{M}{m}(-K\Delta T-qh) \tag{2-2-4}$$

式中，K 为量热计的常数，J/K；ΔT 为始末温差，$\Delta T=T_n-T_0$。

量热计常数 K 的求法是：用已知燃烧热的物质（本实验用苯甲酸）放在量热计中燃烧，测其始末温度，求出 ΔT，而 M、m、q、h 均为已知数，再根据式(2-2-4)即可求出 K。

由于燃烧丝放热量远小于样品放热量，可忽略不计，则式(2-2-4)可简化为

$$Q_{V,\mathrm{m}}=-\frac{M}{m}K\Delta T \tag{2-2-5}$$

K 值求出后，用同一方法测定蔗糖($C_{12}H_{22}O_{11}$)燃烧时的恒容热效应 $Q_{V,\mathrm{m}}$，依据反应

$$C_{12}H_{22}O_{11}(s)+12O_2(g)=\!=\!=12CO_2(g)+11H_2O(l)$$

再根据式(2-2-6)即可求得蔗糖的燃烧热，即

$$\Delta_c H_{\mathrm{m}}^{\ominus}(\text{蔗糖})=Q_{p,\mathrm{m}}=Q_{V,\mathrm{m}}+RT\Delta n(g) \tag{2-2-6}$$

由于量热计与周围环境的热交换无法完全避免，因此，燃烧前后测量的温度差并不是真实温差，必须对测量值进行校正，以消除热交换的影响。进行温差校正可以使用经验公式（见附 2-1），也可以使用雷诺温度校正图来校正。雷诺温度校正的具体方法如下：称适量待测物质，使燃烧后水温升高 1.5～2.0 ℃。预先调节水温低于室温 0.5～1.0 ℃。然后将燃烧前后历次观察的水温对时间作图，联成 $FHIDG$ 折线（见图 2-2-1），图中 H 相当于开始燃烧之点，D 为观察到的最高温度读数点，作相当于室温之平行线 JI 交折线于 I，过 I 点作 ab 垂线，然后将 FH 线和 GD 线外延交 ab 线于 A、C 两点，A 点与 C 点所表示的温度差即为真实温差 ΔT。图中 AA' 为开始燃烧到温度上升至室温这一段时间 Δt_1 内，由环境辐射和搅拌引进的能量而造成系统温度的升高，必须扣除掉；CC' 为温度由室温升高到最高点 D 这一段时间 Δt_2 内，系统向环境辐射出能量而造成系统温度的降低，因此需要添加上。

三、仪器与试剂

氧弹式量热计（示意图见图 2-2-2～图 2-2-4），氧气钢瓶（附减压阀），2 000 mL 及 1 000 mL 容量瓶，燃烧丝，分析天平及台式天平，万用电表等。

蔗糖(AR)，苯甲酸(AR)。

四、实验步骤

(1) 将量热计及全部附件加以整理并清洗，将量热计与～220 V 电源相接，开启电源开关，预热 15 min。

(2) 样品压片：在天平上粗称 1.0 g 左右苯甲酸，在压片机中压成片状（注意压片的紧实程度，太紧点火后不能充分燃烧，太松容易裂碎）。压成片状后，再在天平上准确称重。

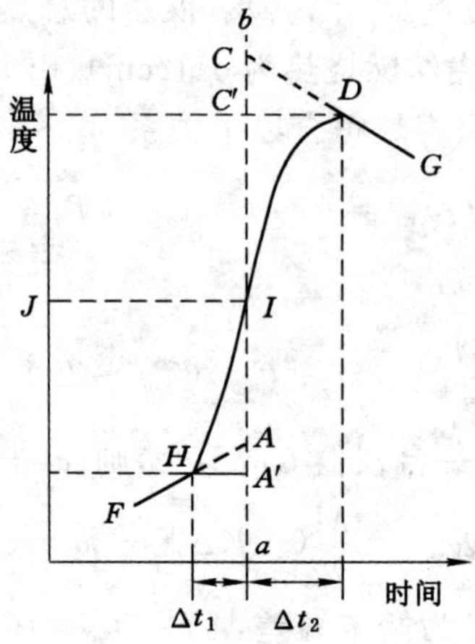

图 2-2-1　雷诺温度校正图

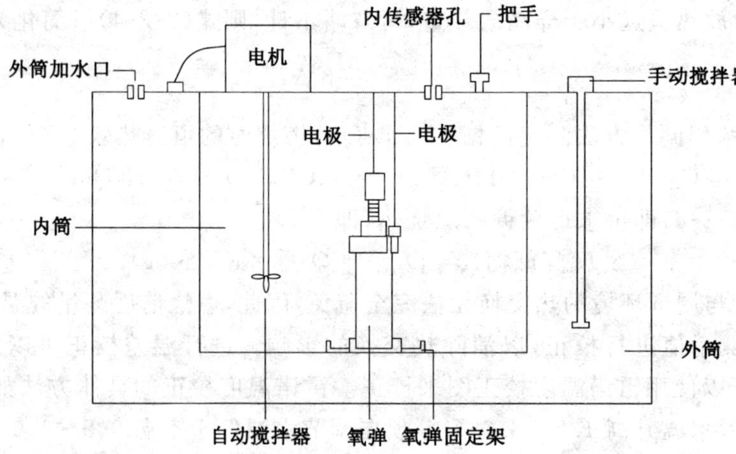

图 2-2-2　实验装置接线示意图

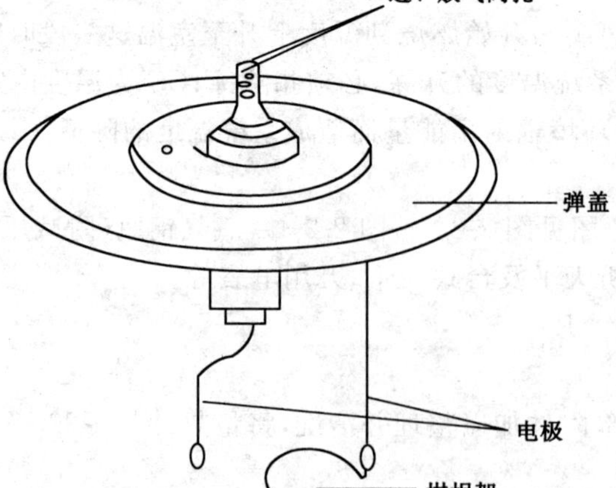

图 2-2-3　氧弹结构图

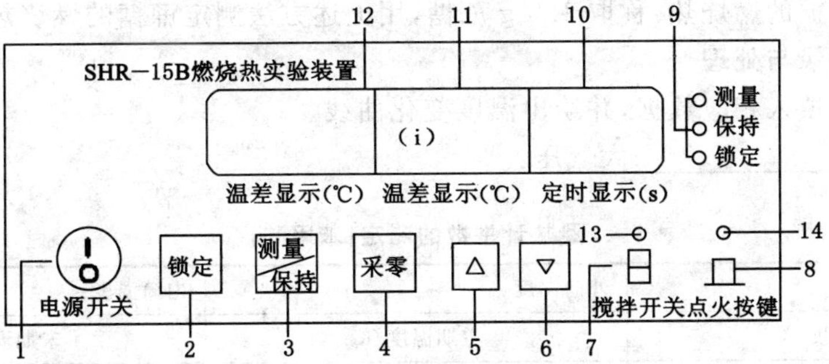

图 2-2-4　仪器面板示意图

1——电源开关；2——锁定键(锁定选择的基温，按下此键，基温自动锁定，此时"采零"键不起作用，直至重新开机。正式实验前请务必按下锁定键)；3——测量/保持键(测量与保持功能之间的转换)；4——采零键(用于消除仪表当时的温差值)；5——增时键(按下此键，可延长定时时间)；6——减时键(按下此键，可缩短定时时间)；7——搅拌开关；8——点火按键(按下此键，即可实现点火过程)；9——指示灯(灯亮，表明仪表处于相对应的状态)；10——定时显示窗口(显示设定的间隔时间)；11——温度显示窗口(显示所测物的温度值)；12——温差显示窗口(显示温差值)；13——搅拌指示灯(灯亮，表示搅拌处在工作状态)；14——点火指示灯(平时不亮，接上燃烧丝后，此灯亮。按动点火键，开始点火，点火完毕后此灯熄灭)

(3) 装样：旋开氧弹，把氧弹的弹头放在弹头架上，将称量好的苯甲酸药片先用棉线捆好，取一根燃烧丝测量其长度，让其穿过棉线，然后将燃烧丝两端固定在两根电极上，使苯甲酸药片悬在坩埚上方(注意：燃烧丝与坩埚壁不能相碰)。在弹杯中注入 10 mL 水，把弹头放入弹杯中，用手拧紧。

(4) 氧弹充氧：开始先充入少量氧气(减压阀表指示约 0.5 MPa)，然后将氧弹中的氧气放掉，借以赶出氧弹中的空气。再向氧弹中充入氧气约 1～1.5 MPa 时，停留 0.5 min。

(5) 调节水温：从外筒加水口给量热计外筒内注满水，用手动搅拌器稍加搅动。将传感器插入加水口，测其温度，记录其温度值。再用量筒取适量自来水，测其温度，如温度偏高或相平则加冰调节水温使其低于外筒水温 1 ℃左右。用容量瓶精确取 3 000 mL 已调好的自来水注入内筒，再将氧弹放入，使水面刚好盖过氧弹。如氧弹有气泡逸出，说明氧弹漏气，寻找原因并排除。盖上盖子(注意：搅拌器不要与弹头相碰)，将传感器插入内筒水中。

(6) 点火：开启搅拌开关，搅拌指示灯亮，进行搅拌。待水温基本稳定后，按"采零"键后再按"锁定"键。然后将传感器取出放入外筒水中，待温度稳定后，记录温差值，再将传感器放入内筒水中，设置蜂鸣 30 s 一次，每隔 30 s 记录一次温差值(精确至±0.002 ℃)，直至连续 10 次水温有规律微小变化。按下"点火"按钮，此时点火指示灯亮，直到燃烧丝烧断，点火指示灯才灭。氧弹内样品一经燃烧，水温很快上升，点火成功。每隔 30 s，记录一次温差值，直至两次读数差值小于 0.005 ℃；最后再每隔 30 s 记录一次温差值(精确至±0.002 ℃)，连续读 10 个点，实验结束。

【注意】

水温没有上升，说明点火失败，应关闭电源，取出氧弹，放出氧气，仔细检查燃烧丝及连接线，找出原因并排除。

(7) 校验：实验停止后，关闭电源，将传感器放入外筒。取出氧弹，放出氧弹内余气。旋下氧弹盖，测量燃烧后残丝长度并检查样品燃烧情况。样品没完全燃烧，实验失败，须重做；反之，说明实验成功。

(8) 测定蔗糖的燃烧热：称取 1.5 g 蔗糖，用上述方法测定蔗糖的燃烧热。

五、数据记录与处理

(1) 按表格填入相应数据，并绘出温度变化曲线。

室温：________________；大气压：________________

量热计常数的测定(苯甲酸)

质量：	外筒温度：		内筒温度：
初期温度/℃	主期温度/℃		末期温度/℃

蔗糖燃烧热的测定

质量：	外筒温度：		内筒温度：
初期温度/℃	主期温度/℃		末期温度/℃

(2) 用雷诺温度校正法或附 2-1 的方法计算 ΔT，利用苯甲酸的发热量 $-26\ 423$ J/g 计算量热计常数。

(3) 计算蔗糖的标准摩尔燃烧焓 $\Delta_c H_m$，并与文献值比较。

六、思考题

(1) 如何根据实验测得的 $Q_{V,m}$ 求出 $\Delta_c H_m$(蔗糖)？

(2) 为什么要测定真实温差？如何测定真实温差？

(3) 测定非挥发性可燃液体的热值时,能否直接放在氧弹中的石英杯(或不锈钢杯)里测定?

(4) 使用氧气钢瓶和减压阀时应注意哪些事项?

附 2-1:进行温差校正的经验公式

$$\Delta T_{校正} = \frac{V + V_1}{2} \times m + V_1 \gamma$$

$$V = \frac{T_0 - T_{10}}{10} \qquad V_1 = \frac{T_{高} - T_{高+10}}{10}$$

式中 V——点火前,每 0.5 min 量热计的平均温度变化率;

V_1——样品燃烧使量热计温度达最高而开始下降后,每 0.5 min 的平均温度变化率;

T_0——开始记录时系统的温度;

T_{10}——第 10 次记录的温度值;

m——点火后,温度上升很快(大于每 0.5 min 0.3 ℃)时的 0.5 min 间隔数,第一个间隔不管温度升多少都计入 m 中;

γ——点火后每 0.5 min 温度上升小于 0.3 ℃间隔数。

在考虑了温差校正后真实温差应该是:

$$\Delta T = T_{高} - T_{低} + \Delta T_{校正}$$

式中,$T_{低}$ 为主期初温($T_{低} = T_{10}$),即点火温度;$T_{高}$ 为主期末温,即主期温度达到的最高温度读数。

实验三 溶解热的测定

一、实验目的

(1) 理解溶质在水中溶解过程的各种热效应的定义;

(2) 测定硝酸钾在不同浓度水溶液中的溶解热;

(3) 求硝酸钾在水中溶解过程的各种热效应。

二、实验原理

物质溶解于溶剂中,一般伴随有热效应发生。热效应的符号和大小决定于溶剂及溶质的性质和其相对量。物质溶解过程包括晶体点阵的破坏、离子或分子的溶剂化、分子电离(对电解质而言)等过程,这些过程热效应的代数和决定溶解过程的热效应。

在热化学中,关于溶解过程的热效应,引进下列几个基本概念:

溶解热:在恒温恒压下,物质的量为 n_2 的溶质溶于物质的量为 n_1 的溶剂(或溶于某浓度的溶液)中产生的热效应,用 Q 表示。

冲淡热:在恒温恒压下,物质的量为 n_1 的溶剂加入某浓度的溶液中产生的热效应。

积分溶解热:在恒温恒压下,单位物质的量的溶质溶于物质的量为 n_0 的溶剂中产生的热效应,用 Q_s 表示。

积分冲淡热:为某两浓度的积分溶解热之差,以 Q_d 表示。

微分溶解热:在恒温恒压下,单位物质的量的溶质溶于某一确定浓度的无限量的溶液中产生的热效应,以 $\left(\frac{\partial Q}{\partial n_2}\right)_{n_1}$ 表示。

微分冲淡热:在恒温恒压下,单位物质的量的溶剂加入某一确定浓度的无限量的溶液中产生的热效应,以 $\left(\frac{\partial Q}{\partial n_1}\right)_{n_2}$ 或 $\left(\frac{\partial Q}{\partial n_0}\right)_{n_2}$ 表示。

它们之间的关系可用公式表示如下

$$dQ = \left(\frac{\partial Q}{\partial n_1}\right)_{n_2} dn_1 + \left(\frac{\partial Q}{\partial n_2}\right)_{n_1} dn_2 \tag{2-3-1}$$

上式在比值$\frac{n_1}{n_2}$恒定下积分，得

$$Q = \left(\frac{\partial Q}{\partial n_1}\right)_{n_2} n_1 + \left(\frac{\partial Q}{\partial n_2}\right)_{n_1} n_2 \tag{2-3-2}$$

全式以 n_2 除之，得

$$\frac{Q}{n_2} = \left(\frac{\partial Q}{\partial n_1}\right)_{n_2} \frac{n_1}{n_2} + \left(\frac{\partial Q}{\partial n_2}\right)_{n_1} \tag{2-3-3}$$

令
$$\frac{Q}{n_2} = Q_s,\quad \frac{n_1}{n_2} = n_0 \tag{2-3-4}$$

即
$$Q = n_2 Q_s,\quad n_1 = n_2 n_0$$

则
$$\left(\frac{\partial Q}{\partial n_1}\right)_{n_2} = \left[\frac{\partial(n_2 Q_s)}{\partial(n_2 n_0)}\right]_{n_2} = \left(\frac{\partial Q_s}{\partial n_0}\right)_{n_2} \tag{2-3-5}$$

将式(2-3-4)、式(2-3-5)代入式(2-3-3)得

$$Q_s = \left(\frac{\partial Q}{\partial n_2}\right)_{n_1} + n_0\left(\frac{\partial Q_s}{\partial n_0}\right)_{n_2} \tag{2-3-6}$$

$$Q_d = (Q_s)n_0'' - (Q_s)n_0' \tag{2-3-7}$$

式(2-3-6)和式(2-3-7)可以用图 2-3-1 表示之。由图 2-3-1 可见，$\left(\frac{\partial Q_s}{\partial n_0}\right)_{n_2}$ 随 n_0 增加而减少，$\left(\frac{\partial Q}{\partial n_2}\right)_{n_1}$ 随 n_0 增加而增加，当 n_0 趋向无穷时，前者为 0，后者等于 Q_s。

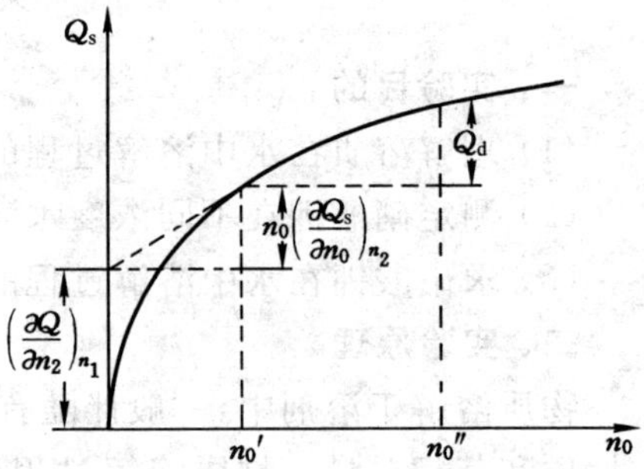

图 2-3-1 Q_s-n_0 图

式(2-3-1)～式(2-3-7)还可以由下面方式导出。

设纯溶剂和纯溶质的摩尔焓分别为 H_1 及 H_2，而当溶质溶解于溶剂变成溶液以后，以 $\overline{H}_1$ 及 $\overline{H}_2$ 分别代表溶剂及溶质在该溶液中的偏摩尔焓。今有物质的量为 n_1 的溶剂及物质的量为 n_2 的溶质，在溶解前体系总焓为 H

$$H = n_1 H_1 + n_2 H_2 \tag{2-3-8}$$

设溶液的焓为 H'

$$H' = n_1 \overline{H}_1 + n_2 \overline{H}_2 \tag{2-3-9}$$

这样，溶解过程的热效应 Q 为

$$Q = \Delta H = H' - H = n_1(\overline{H}_1 - H_1) + n_2(\overline{H}_2 - H_2) = n_1 \Delta\overline{H}_1 + n_2 \Delta\overline{H}_2 \tag{2-3-10}$$

式中，$\Delta\overline{H}_1$ 为微分冲淡热；$\Delta\overline{H}_2$ 为微分溶解热。

根据上述定义，积分溶解热 Q_s 为

$$Q_s = \frac{Q}{n_2} = \frac{\Delta H}{n_2} = \Delta\overline{H}_2 + \frac{n_1}{n_2}\Delta\overline{H}_1 = \Delta\overline{H}_2 + n_0 \Delta\overline{H}_1 \tag{2-3-11}$$

对比式(2-3-2)与式(2-3-10)或式(2-3-6)与式(2-3-11)，即可求得

$$\Delta\overline{H}_1=\left(\frac{\partial Q}{\partial n_1}\right)_{n_2}\text{ 或 }\Delta\overline{H}_1=\left(\frac{\partial Q_s}{\partial n_0}\right)_{n_2}$$

$$\Delta\overline{H}_2=\left(\frac{\partial Q}{\partial n_2}\right)_{n_1}$$

由图 2-3-1 可见，欲求溶解过程的各种热效应，应当测定各种浓度下的积分溶解热，本实验采用累加的方法先在纯溶剂中加入溶质，测出溶解热，然后在该溶液中再加入溶质，测出热效应，根据先后加入溶质总量可求算 n_0，而各次热效应总和即为该浓度下的溶解热。

进行量热实验，一般要求知道体系的热容 C_p 和反应前后的温差 ΔT。本实验为吸热过程，可以用电热补偿法。知道溶解前后的温差和所需的时间，然后通电加热，使体系由温度的最低值沿原途径升高至原值，根据消耗的电功，即可求出溶解的热效应。之所以需要知道溶解过程的时间，是因为体系和环境有各种形式的热交换。在溶解过程中交换的热量，可在相同时间内通电加热过程中得到补偿。当然热交换量愈少，实验测定的热效应愈准确。若绝热良好，体系和环境的热交换量可忽略，则加热使温度升高不必刚好达到溶解前的数值，加热时间也不必严格控制，可按下式求算出溶解热

$$Q=Q'\frac{T_2-T_1}{T_2'-T_1'},\quad Q'=I^2Rt \tag{2-3-12}$$

式中，Q 为使体系从 T_1 降至 T_2 时的溶解热，J；Q' 为使体系从 T_2' 升至 T_1' 时输入的电热，J；T_1 为加入溶质前体系的温度，℃；T_2 为加入溶质后体系的最低温度，℃；T_2' 为通电加热前体系的温度，℃；T_1' 为通电加热后体系的最高温度，℃；I 为电流强度，A；R 为加热器电阻，Ω；t 为通电加热时间，s。

三、仪器与试剂

电子计算机，精密稳流电源，反应热测量数据采集接口装置，电磁搅拌器，架盘天平，保温杯。

硝酸钾(AR)。

四、实验步骤

(1) 称好 8 份 KNO_3(每份 2 g)样品，保温杯中加入 250 mL 蒸馏水。

(2) 打开反应热测量数据采集接口装置电源，将温度传感器置于空气中，预热 5 min，但不要打开恒流源及搅拌器电源，将称量好的蒸馏水放入量热器中。

(3) 打开计算机电源，进入系统初始界面，选择确定键，进入主界面，按下“开始实验”按钮，根据提示开始测量系统温度。这时可打开恒流源及搅拌器电源。

(4) 系统温度测好后，将温度传感器放入量热器的蒸馏水中，调节恒流源，使加热器功率在 2.25～2.3 W 之间，按下回车键，测量水温(注意:温度传感器探头不要与搅拌磁子接触)。这时不要再调动功率。

(5) 当采样到水温高于室温 0.5 ℃时，由计算机提示加入第一份 KNO_3，此时计算机会实时记下水温和时间。

(6) 加入 KNO_3 后溶解，水温下降，由于加热器在工作，水温又会上升，当系统探测到水温上升至起始温度时，根据计算机提示加入第二份 KNO_3，同时计算机记下时间，统计出每份 KNO_3 溶解电热补偿通电时间。

(7) 直至第八份 KNO_3 加完。

(8) 利用程序进行数据处理。

【注意】

欲使溶解热能准确测定，要求仪器装置绝热良好，体系与环境间的热交换尽量稳定并降至最小。本实验采用保温瓶并加盖，以减少辐射、传导、对流、蒸发等热交换途径。在实验装置中，用电磁搅拌器来进行均匀和有效的搅拌，以加速溶质的溶解；搅拌速度不能太快，以防止大量机械功的引入；搅拌速度应当稳定均匀，使溶解过程和通电加热过程情况相同。搅拌器必须是不良导热体，以减少传导。加热器电阻丝应不与水溶液作用，最好是用铂丝或用康铜丝套以薄玻璃管。

五、数据记录与处理

室温：______；大气压：______

样品编号	1	2	3	4	5	6	7	8
质　量								
通电时间								
当前温度								
最低温度								

加热器电流：　　　加热器电压：　　　加热器功率：

Q_s/(J/mol)								
n_0								

n_0	积分溶解热 Q_s/(J/mol)	微分溶解热/(J/mol)	微分冲淡热/(J/mol)
80			
100			
200			
300			
400			

n_0	80～100	100～200	200～300	300～400
Q_d/(J/mol)				

(1) 根据溶剂的质量和加入溶质的质量，求算溶液的浓度(以 n_0 表示)。

(2) 按式(2-3-12)求每次加入溶质时系统所吸收的热量 Q。

(3) 按每次积累的浓度和积累的热量求各种浓度下溶液的 n_0 和 Q_s。

(4) 作 Q_s-n_0 图，求 n_0 分别为 80，100，200，300，400 时的微分冲淡热和微分溶解热，以及相邻两 n_0 间的 Q_d。

六、思考题

(1) 如果反应是放热的，则应如何进行实验？

(2) 何谓量热计常数？本实验是否已测定此常数？

(3) 何谓积分溶解热和微分溶解热？本实验测的是哪一种？

实验四　二组分液-气平衡系统相图的绘制

一、实验目的

(1) 明确常压下完全互溶双液系气-液平衡相图的测绘方法，加深对相律的理解；

(2) 了解沸点的测定方法，掌握用折光率确定混合物组成的方法；

(3) 掌握阿贝折光仪的使用方法；

(4) 测定环己烷-乙醇体系的沸点-组成图(T-x 图)，并确定恒沸点及恒沸组成。

二、实验原理

二组分液态混合物的 T-x 图可分为三类：① 混合物的沸点介于两纯物质沸点之间[图 2-4-1(a)]；② 对拉乌尔定律产生最大负偏差，有最高恒沸点[图 2-4-1(b)]；③ 对拉乌尔定律产生最大正偏差，有最低恒沸点[图 2-4-1(c)]。后两类混合物在最高或最低沸点时的气液两相组成相同，加热蒸发的结果只使气相总量增加，气液相组成及沸点保持不变，这时的温度叫恒沸点，相应的组成叫恒沸组成，具有该点组成的混合物称为恒沸混合物。理论上，第一类混合物可用一般精馏法分离出两种纯物质，后两类混合物只能分离出一种纯物质和一种恒沸混合物。

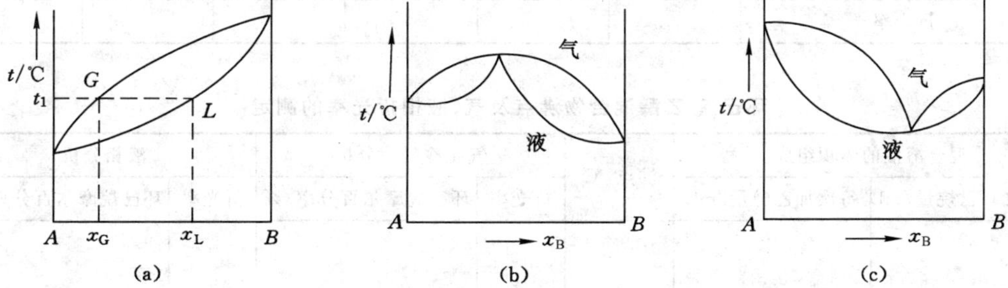

图 2-4-1　二元液系 T-x 图

为了测定二组分液态混合物的 T-x 图，需在气液相达平衡后，同时测定气相组成、液相组成和溶液沸点。例如在图 2-4-1(a)中，与沸点 t_1 对应的气相组成是气相线上 G 点对应的 x_G，液相组成是液相线上 L 点对应的 x_L。实验测定整个浓度范围内不同组成溶液的气液相平衡组成和沸点后，就可绘出 T-x 图。

本实验采用沸点仪测定溶液的沸点。所用沸点仪是一只带回流冷凝管的长颈圆底烧瓶，冷凝管底部有一半球形小槽，用以收集冷凝下来的气相样品。为防止过热现象，通常在烧瓶中放入小瓷环。

由于环己烷和乙醇的折光率相差较大，且折光率测定只需要少量样品，所以，本实验采用阿贝折光仪测定平衡时气、液相的折光率，用折光率-组成工作曲线确定气、液相组成。

三、仪器与试剂

数显温度计 1 台，加热套 1 个，沸点仪 1 套，阿贝折光仪 1 台，长、短滴管各 1 支，1 mL、2 mL、5 mL、10 mL、20 mL 移液管各 1 支。

环己烷(AR)，无水乙醇(AR)，环己烷-乙醇标准混合液。

四、实验步骤

(1) 用阿贝折光仪测定环己烷、乙醇及标准混合物的折光率。阿贝折光仪的使用方法见第四章第三节。

(2) 用移液管按记录表中所列数据取样放入蒸馏瓶中,盖好瓶盖,温度计探头刚好与液面接触,冷凝管中通自来水。开启加热炉,让溶液沸腾。待温度读数恒定、气液平衡达到后,记下沸点温度,停止加热,由小槽中取出气相冷凝液分析样,迅速用阿贝折光仪测其折光率。同时用另一短取样管从磨口取出少量液相混合物测其折光率。注意磨口在取样及加入溶液后应立即盖好,防止蒸发损失。测定折光率时亦应迅速,以防液体挥发,测定折光率后,将棱镜打开晾干,也可用洗耳球鼓空气吹干或用擦镜纸擦干,以备下次测定用。

记录表所列混合液组成是考虑了作图所需点的合理分布及适当减少实验次数后拟定的。

五、数据记录与处理

(1) 按记录表格填入相应数据。

室温:__________;大气压:__________

环己烷-乙醇标准混合物折光率的测定

环己烷摩尔百分率/%	0	20	40	60	80	100
折光率						

环己烷-乙醇混合物沸点及气、液相折光率的测定

混合溶液的体积组成		沸点/℃	气相冷凝液分析		液相分析	
每次加环己烷量/mL	每次加乙醇量/mL		折光率	环己烷摩尔百分率/%	折光率	环己烷摩尔百分率/%
20	—					
—	0.5					
—	1					
—	2					
—	5					
—	5					
—	10					
—	20					
1	—					
2	—					
5	—					

(2) 做出环己烷-乙醇标准溶液的折光率与组成的关系曲线。

(3) 用上述关系曲线确定各气、液相组成。

(4) 作环己烷-乙醇体系的沸点-组成图,并由图找出其恒沸点及恒沸组成。

六、思考题

(1) 本实验不测纯乙醇和纯环己烷的沸点而直接使用手册数据是否可行?这样会带来什么误差?

(2) 在本实验中，样品的加入量应十分精确吗？为什么？

(3) 为什么测定纯物质环己烷和乙醇的沸点时要求蒸馏瓶必须是干的，而测混合溶液的沸点和组成时则可不必要求蒸馏瓶是干的？

实验五　二组分金属相图的绘制

一、实验目的

(1) 了解并掌握用热分析法(步冷曲线法)测绘 Bi-Sn 二组分金属相图；

(2) 掌握温度测量控制仪的使用方法；

(3) 学会使用数据自动采集程序。

二、实验原理

金属的熔点-组成图可根据不同组成的合金冷却曲线求得。将一种合金或金属熔融后，使之逐渐冷却，每隔一定时间记录一次温度，若得到一条平滑的冷却曲线，表示温度逐渐均匀下降；如在冷却过程中发生了相变，则因放出相变热，使热损失有所抵偿，冷却曲线就会出现转折或水平线段，转折点所对应的温度，即为该组成合金的相变温度。对于简单的低共熔二元体系，具有图 2-5-1 所示的三种形状的冷却曲线，由这些冷却曲线即可绘出合金相图。如果用计算机连续记录体系的温度，则所得的曲线即为冷却曲线。图 2-5-2 是 Bi-Cd 系统的冷却曲线及相图。

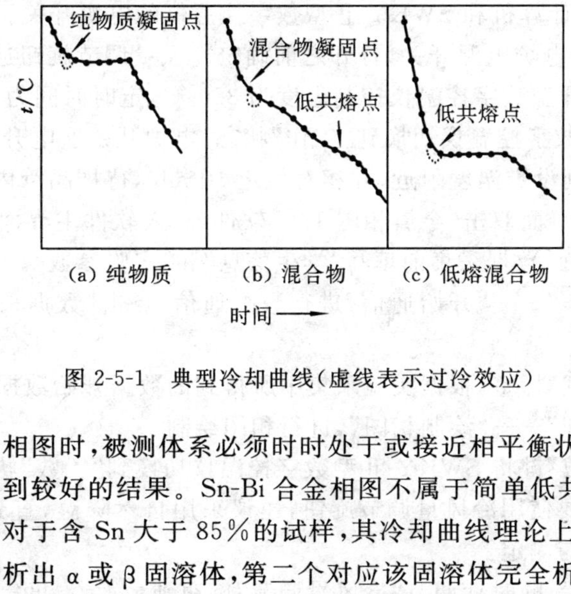

图 2-5-1　典型冷却曲线(虚线表示过冷效应)

用热分析法测绘相图时，被测体系必须时时处于或接近相平衡状态，因此体系的冷却速度必须足够慢才能得到较好的结果。Sn-Bi 合金相图不属于简单低共熔类型，当含 Sn 85％以上即出现固溶体。对于含 Sn 大于 85％的试样，其冷却曲线理论上应有三个折点，第一个对应液态熔液中开始析出 α 或 β 固溶体，第二个对应该固溶体完全析出，第三个对应一种固溶体中开始析出另一种固溶体。由于从一种固溶体中析出另一种固溶体时，放出的热很少，且过程本身进行很慢，该点温度用本实验的方法测不出，因此用本实验的方法还不能做出完整的相图。

三、仪器与试剂

KWL-10 多头可控升降温电炉；SWKY-Ⅱ型数字控温仪，控温热电偶和测温热电偶；微型计算机，金属相图测绘软件；实验者自备 U 盘 1 个。

纯锡，纯铋，石墨粉。1～6 号样品，分别为含锡 0、20％、40％、60％、80％和 100％的锡

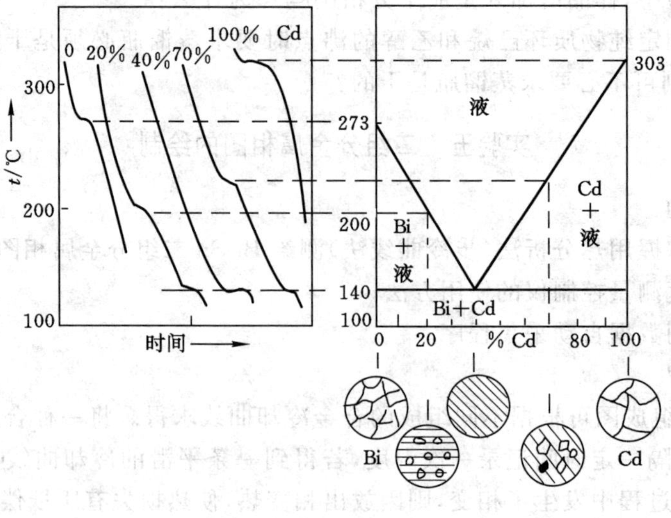

图 2-5-2　Bi-Cd 合金冷却曲线及相图

铋合金 100 g。

四、实验步骤

(1) 检查 1～6 号样品管是否放入加热腔内，测温探头是否放在每个样品管内。

(2) 依次打开微型计算机和 SWKY-Ⅱ型数字控温仪的电源开关。

(3) 打开 KWL-10 电炉电源开关，打开之前确定冷风量调节旋钮逆时针旋转到底。

(4) 设定 SWKY-Ⅱ型数字控温仪控制温度为 350 ℃，定时时间为 60 s，按“工作/置数”键两次将 SWKY-Ⅱ型数字控温仪切换到“工作”状态，电炉开始通电升温。

(5) 温度Ⅰ、Ⅱ达到设定温度附近，并相对稳定 10 min，待样品管内试剂完全融化。

(6) 从微型计算机桌面双击“金属相图 1.5”软件，进入软件主界面，点击“学生端”，“多探头”进入数据处理界面，数据采集前填写“学生信息”和“实验参数”。

(7) 点击“数据通信”——“开始通信”进行数据通信，点击“数据采集”标签可以通过窗口观察数据。

(8) 点击“数据处理”标签，根据实验采集中所得到的数据开始数据处理。

(9) 点击“图形处理”——“绘制相图”，进行相图绘制。

(10) 按“工作/置数”键将 SWKY-Ⅱ型数字控温仪切换到“置数”状态，并将巡检状态调至“自动”，可以根据需要使用冷风量调节旋钮，建议采用自然降温，直到样品降温平台全部出现后，停止记录数据与测定。

(11) 整理实验装置，顺时针调节“冷风量调节”旋钮到最大，温度需要降到接近室温，关闭温控仪电源开关，关闭电炉开关，收取不锈钢试管内的实验样品，留待下次实验使用。

五、数据记录与处理

(1) 列出数据记录表格。

(2) 在坐标纸上以温度为纵坐标、时间为横坐标，绘制出本组实验的冷却曲线。

(3) 用 5 组数据，以温度为纵坐标、质量百分数为横坐标，绘制 Sn-Bi 相图。

六、思考题

(1) 金属熔融体冷却时冷却曲线上为什么会出现转折点？纯金属、低共熔金属及合金等的转折点各有几个？曲线形状为何不同？

(2) 为什么在冷却过程中冷却速度不宜过快？

(3) 步冷曲线各段斜率以及平台的长短与哪些因素有关？

实验六　三组分液-液平衡相图的绘制

一、实验目的

(1) 用浓度法做出具有一对共轭溶液的苯-醋酸-水三元相图(溶解度曲线及连接线)；

(2) 掌握三角形坐标的使用方法。

二、实验原理

在化学萃取时，具有一对共轭溶液的三元相图能确定合理的萃取条件，因此做出三元体系的相图是有实际意义的。

三组分体系 $K=3$，如果体系又处于恒温恒压状态，按相律，体系的自由度 f 为

$$f = 3 - p$$

式中，p 是体系的相数。

当体系为均匀单相时，$p=1$，自由度 $f=2$，因此恒温恒压的三组分体系，其浓度独立变数最多只有 2 个，这样便可以用平面图形来表示体系的状态和组成之间的关系，称三元相图。通常用等边三角形的方法作三元相图(见图 2-6-1)。等边三角形的三个顶点各代表一纯组分，三角形三条边 AB、BC、CA 分别代表 A 和 B、B 和 C、C 和 A 所组成的两组分的组成，而三角形内任何一点表示三组分的组成，例如图 2-6-1 中的 P 点，其组成可确定如下：

经 P 点作平行于三角形三边的直线，分别交三边于 a、b、c 三点，则 $Pa+Pb+Pc=aa'+a'C+Ba=BC=AC=AB$，如果每边分别为 100 等份，代表 100%，于是 P 点的 A、B、C 组成分别为

$$A\% = Pa = bC$$

$$B\% = Pb = Ac$$

$$C\% = Pc = Ba$$

在本实验中生成一对共轭溶液的三组分体系，即三组分中两对液体 AB 及 AC 完全互溶，而另一对 BC 则不溶或部分互溶(相图如图 2-6-2 所示)。

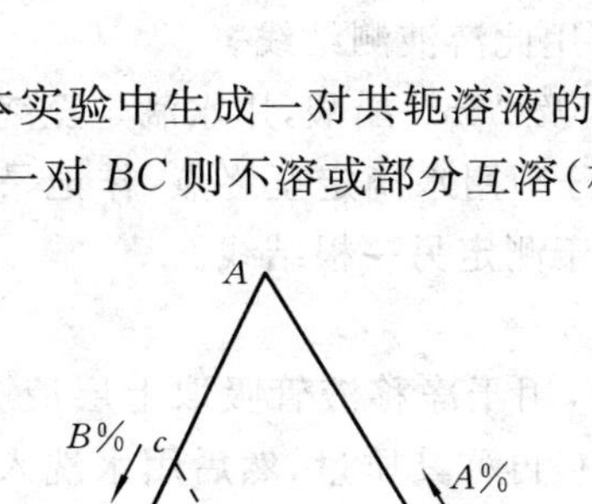

图 2-6-1　等边三角形法作三元相图

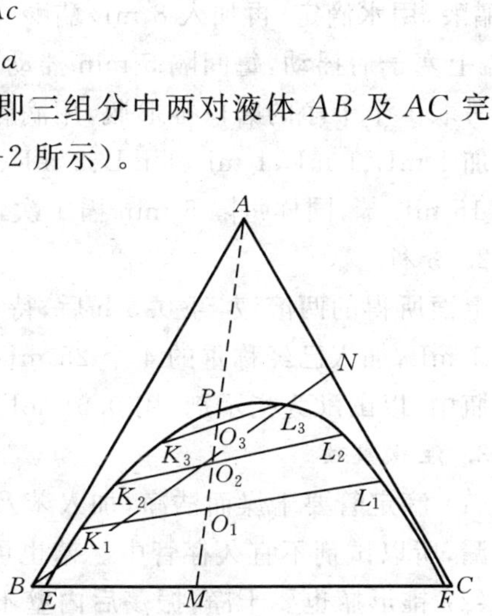

图 2-6-2　共轭溶液的三元相图

图中 $EK_1K_2K_3L_3L_2L_1F$ 是溶解度曲线，K_1L_1、K_2L_2、K_3L_3 称为结线，溶解度曲线下面是两相区，上面是一相区。一种测绘这种相图的方法是：在两相区内按任一比例（例如在 O_1 点）将三种液体混合，置于一定温度下使之达到平衡，然后分析互成平衡的二共轭相（K_1，L_1）的组成，在三角形坐标纸上标出这些点。连接 E、K_1、K_2、K_3、L_3、L_2、L_1、F 即得溶解度曲线，连接 K_1L_1、K_2L_2、K_3L_3 即为结线。但这种方法较繁，通常可使用下列方法。

配制部分互溶的 BC 混合物，其组成为 M，当不断加入液体 A 时，则体系成分沿 MA 移动，互溶度增大，当组成达到 P 时，再稍加 A，两相立即变为一相（体系由浑变清）。根据配制 M 所用 B、C 量和后来加入的 A 量，可算出 P 点组成，再改变 B、C 的比例，同法可得溶解度曲线上其他各点。但采用此法曲线终点由浑变清不明显。为此本实验采用下法：预先混合互溶的 A、C 溶液，其组成用 N 表示，在此透明的 AC 溶液内加入 B，则体系组成沿 NB 移动，到 L_3 点时体系由清变浑，此终点较明显。终点 L_3 的组成同样可根据 A、B、C 的用量算出，配制不同 A、C 含量的溶液，可得一系列相应的终点，因此可画出溶解度曲线。

为了测定结线，在两相区配制混合液，达平衡时两相的组成一定，只需分析每相中的一个组成含量，在溶解度曲线上就可找出每相的组成点，其连线即为结线。

三、仪器与试剂

100 mL 有塞锥形瓶 2 个，1 mL 移液管 2 支，25 mL 有塞锥形瓶 4 个，150 mL 锥形瓶 2 个，50 mL 酸式滴定管 2 支，50 mL 碱式滴定管 2 支，2 mL 移液管 2 支。

无水苯（分析纯），冰醋酸（分析纯），标准 NaOH 溶液（0.5 mol/L），酚酞指示剂。

四、实验步骤

1. 相变点测定

分别在 2 支干燥而洁净的酸式滴定管内装入苯和醋酸，另 2 支碱式滴定管内装入水及 NaOH 溶液，滴 10 mL 苯及 4 mL 醋酸于干净的 100 mL 磨口锥形瓶中，然后慢慢滴入水，同时不停地振荡，滴至终点（由清变浑），记下水的体积。

再向此瓶中加入 5 mL 醋酸，体系又成均相，继续用水滴定至终点。以后用同法加入 8 mL 醋酸，用水滴定，再加入 8 mL 醋酸，用水滴定，记录各组分的用量。最后再加入 10 mL 苯，盖上塞子后摇动，每间隔 5 min 摇动 1 次，0.5 h 后用此溶液测结线。

另取 1 个干净的磨口锥形瓶，用滴管加入 1 mL 苯及 2 mL 醋酸，用水滴定至终点，以后依次加 1 mL、1 mL、1 mL、1 mL、2 mL、10 mL 醋酸，分别用水滴定至终点，作记录，最后再加入 15 mL 苯，同样每隔 5 min 摇 1 次，0.5 h 后可用于测定另一根结线。

2. 分析

上面所得的两溶液，经 0.5 h 后，待两层液体分清，用干净移液管吸取上层液 2 mL，下层液 1 mL，加入已经称重的 4 个 25 mL 带塞锥形瓶中，再称其质量，然后用水洗入 150 mL 锥形瓶中，以酚酞为指示剂，用 0.5 mol/L NaOH 滴定醋酸的含量。

3. 注意事项

(1) 滴定管要干燥而洁净，加入苯及醋酸时要快而准，但不能快到连续滴下。酸式滴定管易漏，所以试剂不宜久存管中。苯也可用刻度移液管加入。

(2) 锥形瓶也要干净，振荡后内壁不能挂液珠。

(3) 用水滴定如超过终点，则可再滴几滴醋酸，刚好达到由浑变清的终点，记下实际各溶液用量，在作最后几点时（苯含量较少），终点会逐渐变化，需滴至出现明显浑浊时再停止滴加水。

(4) 在室温低于 16 ℃时，冰醋酸可在恒温后用刻度移液管量取。

(5) 用移液管吸取两相平衡的下层溶液时，可在吹气鼓泡条件下插入移液管，这样可避免上层溶液的沾污。

五、数据记录与处理

1. 溶解度曲线的绘制

根据每点苯、醋酸及水所用实际体积，由有关手册查出实验温度时三种液体的密度，算出各点组分的质量百分比含量，列入下表。

室温/℃	大气压/mmHg	密度/(g/mL)		
		苯	醋酸	水

序号	醋酸		苯		水		总质量/g	质量百分数/%		
	体积/mL	质量/g	体积/mL	质量/g	体积/mL	质量/g		醋酸	苯	水
1	4.00		10.00							
2	9.00		10.00							
3	17.00		10.00							
4	25.00		10.00							
5	2.00		1.00							
6	3.00		1.00							
7	4.00		1.00							
8	5.00		1.00							
9	6.00		1.00							
10	8.00		1.00							
11	18.00		1.00							
12										
13										

表中序号第 12、13 为图 2-6-2 中 F、E 两点，是苯与水在实验温度时的相互溶解度，这些数据可从手册中查出。将上表组成数据在三角形坐标纸上作图，即得溶解度曲线，并可延长至 12 和 13 点（近乎直线）。

2. 画出结线

(1) 计算两瓶中最后醋酸、苯、水的质量百分数，标出三角形坐标纸上相应的 O_1 和 O_2 点。

(2) 将所取各相中醋酸含量算出，并将点画在溶解度曲线上，上层内醋酸含量画在含苯较多的一边，下层画在含水较多的一边，再做出 K_1L_1 和 K_2L_2 两根结线，它们应分别通过点 O_1 和 O_2。

六、思考题

(1) 结线 K_1L_1 和 K_2L_2 如不能通过物系点 O_1 和 O_2，则其原因是什么？

(2) 若用被水饱和的苯或含水醋酸，此实验是否可做？

实验七　凝固点降低法测定摩尔质量

一、实验目的

(1) 用凝固点降低法测定蔗糖的摩尔质量，加深对稀溶液依数性的理解；

(2) 掌握凝固点测定技术及凝固点测定仪的使用方法。

二、实验原理

在纯溶剂中加入非电解质溶质形成稀溶液，如果溶质与溶剂不生成固溶体，则稀溶液的凝固点低于纯溶剂的凝固点，称为稀溶液的凝固点降低。稀溶液的凝固点降低值仅取决于溶质的质点数，而与溶质的本性无关，是稀溶液的依数性之一。

稀溶液的凝固点降低值与溶质的量的关系为

$$\Delta T_f = T_f^* - T_f = K_f b_B \tag{2-7-1}$$

而 $b_B = \dfrac{m_B}{m_A M_B}$，代入式(2-7-1)得

$$M_B = \frac{K_f m_B}{(T_f^* - T_f)m_A} = \frac{K_f m_B}{\Delta T_f m_A} \tag{2-7-2}$$

式中，T_f^* 为纯溶剂的凝固点；T_f 为稀溶液的凝固点；b_B 为稀溶液的质量摩尔浓度；m_A 为稀溶液中溶剂的质量；m_B 为稀溶液中溶质的质量；M_B 为溶质的摩尔质量；K_f 为溶剂的凝固点降低系数，其数值只与溶剂的性质有关。

根据式(2-7-2)，查得溶剂的 K_f 值，并准确测定纯溶剂和稀溶液的凝固点，即确定凝固点降低值 ΔT_f，就可以计算出溶质的摩尔质量。而凝固点可通过测定冷却过程中系统温度 T 随时间 t 变化的冷却曲线来确定。纯溶剂冷却时，若无过冷现象发生，其冷却曲线如图 2-7-1*a* 所示，水平段所对应的温度即为纯溶剂的凝固点 T_f^*。然而，实际冷却过程中常常发生过冷现象，使得其冷却曲线如图 2-7-1*b* 所示。与纯溶剂不同，将稀溶液冷却到凝固点时，析出固态纯溶剂，使稀溶液的浓度相应增大，其凝固点随之不断下降，所以冷却曲线上得不到温度不变的水平线段，如图 2-7-1*c* 所示，转折点所对应的温度即为稀溶液的凝固点 T_f。若有轻微过冷现象发生，其冷却曲线如图 2-7-1*d* 所示，此时可将温度回升的最高值近似为

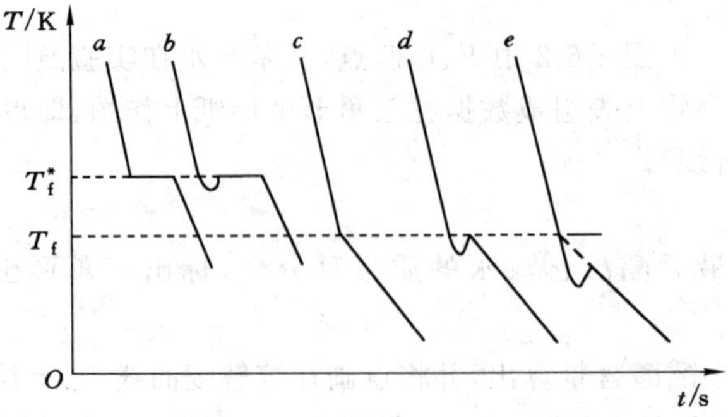

图 2-7-1　冷却曲线示意图

溶液的凝固点。若过冷现象严重，凝固的溶剂过多，溶液浓度变化过大，其冷却曲线温度回升的最高值较凝固点低，如图 2-7-1*e* 所示。因此，测定过程中，应设法降低过冷程度，一般可通过在开始结晶时，加入少量晶种或加速搅拌等方法来实现。如无法避免严重过冷，其凝固点 T_f 应从冷却曲线外推而得。

三、仪器与试剂

凝固点测定仪 1 套，25 mL 移液管 1 支，洗耳球 1 个，分析天平 1 台 。

水(高纯蒸馏水)，蔗糖(AR)，食盐。

四、实验步骤

(1) 打开电源开关，数秒后显示实时温度、温差值，如图 2-7-2 所示。预热 10 min 以上。

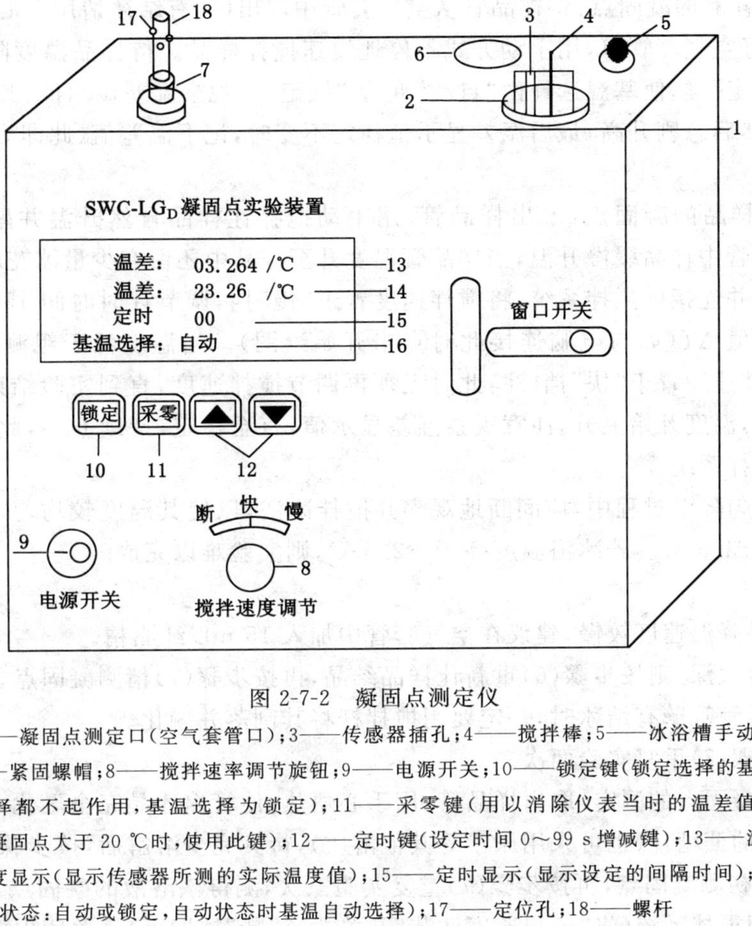

图 2-7-2 凝固点测定仪

1——冰浴槽；2——凝固点测定口(空气套管口)；3——传感器插孔；4——搅拌棒；5——冰浴槽手动搅拌器；6——凝固点初测口；7——紧固螺帽；8——搅拌速率调节旋钮；9——电源开关；10——锁定键(锁定选择的基温，按下此键，采零和基温自动选择都不起作用，基温选择为锁定)；11——采零键(用以消除仪表当时的温差值，使温差值显示“0.000”，当所测凝固点大于 20 ℃时，使用此键)；12——定时键(设定时间 0～99 s 增减键)；13——温差显示(显示温差值)；14——温度显示(显示传感器所测的实际温度值)；15——定时显示(显示设定的间隔时间)；16——基温选择(显示基温选择的状态：自动或锁定，自动状态时基温自动选择)；17——定位孔；18——螺杆

(2) 调节冰浴温度：先将仪器的放水口接上橡胶管，用夹子夹住放水管以使冰浴的水不至流出，将温度传感器探头插入冰浴槽中，在冰浴槽中放入碎冰、自来水及食盐。注意：自来水要少加、缓加，只要能将冰块浮起至样品液面以上即可，食盐应少量加入并搅拌溶解后再逐渐加入。冰浴温度达到－3.5 ℃左右即为调温完成。

(3) 安装样品管：将空气套管放入冰浴中紧固好，用初测口的盖子盖住其管口，以使其内表面保持干燥。准确移取 25 mL 蒸馏水放入洗净烘干的样品管中。将温度传感器从冰浴中取出，用蒸馏水冲洗干净，将其插入样品管盖中，然后将样品管盖塞入样品管中。注意：

温度传感器应插入与样品管管壁平行的中央位置，插入深度至样品管底部。

(4) 安装搅拌装置：将搅拌棒、传感器放入样品管中，传感器应置于搅拌棒底部圆环内。将横连杆插入搅拌器螺杆上的定位孔中，再将搅拌棒挂在横连杆上，适当拧紧紧固螺帽，使横连杆能水平转动而不滑落。将样品管放入空气套管中，上下运动搅拌杆，应运动自如。将搅拌杆挂钩钩在横连杆上，然后将横连杆套上止紧橡胶圈（"O"形圈），并左推到底，防止搅拌时搅拌杆脱落，拧紧紧固螺帽。置开关于"慢"挡，调节样品管盖，使搅拌自如，下落时，以搅拌圈能碰到样品管底部为佳，停止搅拌。

(5) 样品管取出：将搅拌横连杆上止紧橡胶圈右移，向左拉动横连杆，从横连杆上脱开挂钩，取出样品管。

(6) 初测样品的凝固点：将样品管从空气套管中取出（如有结冰请用手心将其焐化），插入初测口，盖好空气套管口，用手动方式不停地慢速搅拌样品。待样品温度降到 0～8 ℃之间时，按下"锁定"键，使基温选择由"自动"变为"锁定"。观察温差显示值，其值应是先下降至过冷温度，然后急剧升高，最后温差显示值稳定不变时，记下温差值（此即为样品的初测凝固点）。

(7) 精测样品的凝固点：拿出样品管，用手动搅拌让样品自然升温并融化（不要用手焐），此时样品管中样品缓慢升温，当样品管温度升至样品中还留有少量冰花时，将样品管放入空气套管中并连接好搅拌系统，将搅拌速度置于"慢"挡，调节计时时间 15 s，此时应每隔 15 s 记录温差值 ΔT（如与电脑连接此时点击开始绘图）。当温度低于粗测凝固点 0.1 ℃时，应调节搅拌速度置于"快"挡（注：此时无须再调节搅拌速度，直到实验结束），加快搅拌，促使固体析出，温度开始上升，注意观察温差显示值，直至稳定，持续 60 s，此即为样品的凝固点。关闭搅拌系统。

在样品均匀降温过程中，应间断地观察并搅拌冰浴，以使其温度较均匀，并可使其温度保持在－3～－3.5 ℃。若冰浴温度高于－2.5 ℃，则实验难以完成。

【注意】

① 若样品降温速度较慢，建议在空气套管中加入 15 mL 纯酒精。

② 若过冷太深，则按步骤(6)重新让样品结晶，再按步骤(7)精测凝固点。

③ 若样品管管壁有结冰时，一定要用搅拌杆将其刮落并融化。

(8) 按步骤(7)重复实验两次。

(9) 溶液凝固点的测定：取出样品管，用手心焐热，使管内冰晶完全融化，向其中投入已称重 1 g 左右的蔗糖片（也可采用尿素等其他溶质），待其完全溶解后，按步骤(6)重复实验，测得该溶液的初测凝固点，再按步骤(7)重复实验三次，测得该溶液的凝固点。

(10) 关闭搅拌系统（将"搅拌速度调节"开关拨至"断"挡即可）。关闭电源开关，拔下电源插头。

(11) 清洗冰浴，清洗相关实验部件：向冰浴中通入自来水，清洗冰浴中的盐和水，注意：不要注水过猛、过多，使水溢到机箱内部，用干净的不含盐的抹布擦拭仪器的外表。

如果放水管放不出水来，可能是盐粒过多堵塞管道，可以用洗耳球向其中猛打空气将管道疏通。

五、数据记录与处理

(1) 设计表格，记录水及溶液的温差与时间变化数据及凝固点数据。

室温：________________；大气压：________________

	质量/g	初测凝固点/℃	凝固点/℃	凝固点/℃	凝固点/℃
水					
蔗糖水溶液					

水的温差与时间变化数据(3个)

t/s														
ΔT/℃														
t/s														
ΔT/℃														
t/s														
ΔT/℃														

溶液的温差与时间变化数据(3个)

t/s														
ΔT/℃														
t/s														
ΔT/℃														
t/s														
ΔT/℃														

(2) 由水的密度计算出水的质量 m_A。

(3) 计算蔗糖的相对分子质量，并与理论值比较，给出测定误差。

六、思考题

(1) 凝固点降低公式在何种条件下适用？

(2) 当溶质在溶液中有离解、缔合和生成配合物的情况时，对相对分子质量的测定值有何影响？

(3) 实验时溶质蔗糖的用量多好还是少好？为什么？

电化学实验

实验八　原电池电动势的测定及应用

一、实验目的

(1) 测定 Cu-Zn 原电池的电动势和 Cu、Zn 电极的电极电势；

(2) 了解可逆电池、可逆电极、盐桥等概念；

(3) 学会一些电极的制备和处理方法；

(4) 掌握对消法测量电动势的原理及电位差计测定电池电动势的方法。

二、实验原理

将化学能转变成电能的装置称为原电池，简称电池。若这种能量转换是以热力学可逆的方式进行，则称为可逆电池；此时电池两极间的电势差达到最大值，称为该电池的电动势。可逆电池应满足如下的条件：① 电池在充放电时，电池反应必须可逆；② 电池不允许存在不可逆的液接界；③ 通过电池的电流应为无限小，保证电池的充放电过程必须在平衡条件下进行。可逆电池电动势的测量在物理化学研究中具有重要意义。

电池的电动势不能用伏特计来测量，而要用电位差计来测量。因为伏特计与电池连接后，会发生化学反应，电极被极化，溶液的浓度会发生改变，电池的电动势不能维持稳定，且电池本身有内电阻，伏特计测量的是两电极之间的电势差，不是原电池的电动势。

电位差计是根据对消法(补偿法)原理设计的一种平衡式电压测量仪器，对消法的原理是：用一个方向相反、数值相等的外电势来抵消待测电池的电动势，使连接两电极的导线上没有电流通过(或电流为无限小)，这时所测出的电势差就是被测电池的电动势。

原电池中若存在两种电解质溶液界面时，便会产生液体接界电势。如果要满足可逆电池的条件，必须消除液体接界电势。减小液体接界电势常用的办法是：在两液体间连接一个称为“盐桥”的高浓度的电解质溶液，此电解质的正负离子有极为接近的迁移数。常用的盐桥有饱和 KCl 盐桥、NH_4NO_3盐桥、KNO_3盐桥。使用了盐桥后，液体接界电势一般仍在毫伏数量级，在精确测量中，还是不能满足要求。

本实验采用 SDC-$Ⅱ_B$型数字电位差综合测试仪进行电池电动势测量，其使用方法参见第四章第七节。

原电池的电动势主要是两个电极的电极电势的代数和，如能测得两个电极的电极电势，就可计算由它们组成的电池的电动势。以 Cu-Zn 电池为例进行分析。

电池结构　　$Zn(s)|ZnSO_4(a_{Zn^{2+}})\|CuSO_4(a_{Cu^{2+}})|Cu(s)$

负极反应　　$Zn(s) \longrightarrow Zn^{2+}(a_{Zn^{2+}})+2e^-$

正极反应　　$Cu^{2+}(a_{Cu^{2+}})+2e^- \longrightarrow Cu(s)$

电池反应　　$Zn(s)+Cu^{2+}(a_{Cu^{2+}}) = Zn^{2+}(a_{Zn^{2+}})+Cu(s)$

从电池的总反应式直接用能斯特方程计算电池的电动势

$$E = E^{\ominus} - \frac{RT}{2F} ln \frac{a_{Zn^{2+}}}{a_{Cu^{2+}}} \tag{2-8-1}$$

式中，$E^{\ominus}$为电池的标准电动势。

也可从电极电势计算电池的电动势：

$$E = E_{Cu^{2+}/Cu} - E_{Zn^{2+}/Zn}$$

$$E_{Cu^{2+}/Cu} = E^{\ominus}_{Cu^{2+}/Cu} - \frac{RT}{2F}\ln\frac{a_{Cu}}{a_{Cu^{2+}}}$$

$$E_{Zn^{2+}/Zn} = E^{\ominus}_{Zn^{2+}/Zn} - \frac{RT}{2F}\ln\frac{a_{Zn}}{a_{Zn^{2+}}}$$

式中，$E_{Cu^{2+}/Cu}$、$E_{Zn^{2+}/Zn}$为铜电极和锌电极的标准电极电势。

由于电极电势的绝对值不能测量，在电化学中，电极电势是以某一电极电势为标准而求出的相对值。通常把氢电极中氢气压力为 100 kPa，$a_{H^+}=1$ 时的电极电势定为零，称为标准氢电极，以此为标准求待测电极的电极电势。由于氢电极的使用条件比较苛刻，一般常用一些制备工艺简单、易于复制、电势稳定的可逆电极为参考电极并代替氢电极。

常用的参考电极有甘汞电极、银-氯化银电极等，这些电极与标准氢电极比较而得到的电势已被精确测出。

本实验要求制备锌电极、铜电极，且将它们组成电池，测量其电动势，再用饱和甘汞电极作为参考电极测量这两个电极的电极电势。

三、仪器与试剂

SDC-Ⅱ$_B$型数字电位差综合测试仪1套，饱和甘汞电极1支，铜、锌电极各1支。

$CuSO_4$(0.01 mol/kg)，$CuSO_4$(0.1 mol/kg)，$ZnSO_4$(0.1 mol/kg)，饱和氯化钾溶液。

四、实验步骤

1. 电极制备

(1) 锌电极

先用稀硫酸(约3 mol/L)洗净锌电极表面的氧化物，再用蒸馏水淋洗，然后浸入饱和硝酸亚汞溶液中3～5 s，用镊子夹住一小团清洁的湿棉花轻轻擦拭电极，使锌电极表面上有一层均匀的汞齐，再用蒸馏水冲洗干净(用过的棉花不要随便乱丢，应投入指定的有盖广口瓶内，以便统一处理)。汞齐化的目的是消除金属表面机械应力不同的影响，使它获得重复性较好的电极电势。

(2) 铜电极

先用稀硫酸(6 mol/L)洗净铜电极表面的氧化物，再用蒸馏水淋洗，然后把它作为阴极，另取一块铜片作为阳极，在硫酸铜溶液内进行电镀，其装置如图2-8-1所示。电镀的条件是：电流密度为25 mA/cm^{2}左右，电镀时间为20～30 min，电镀后应使铜电极表面有一紧密的镀层，取出铜电极，用蒸馏水冲洗干净。

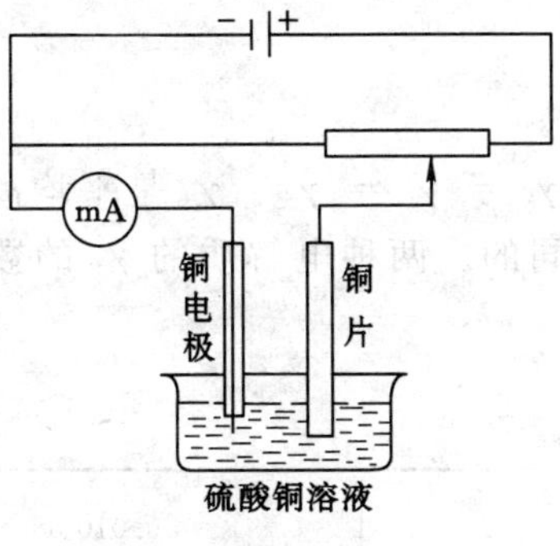

图2-8-1 电镀铜装置图

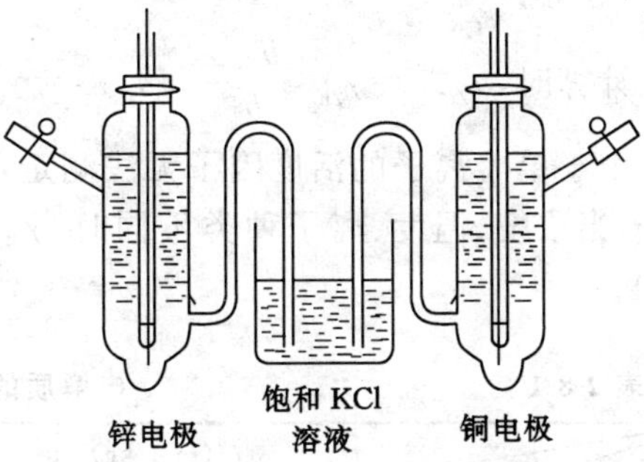

图2-8-2 Cu-Zn电池组合

2. 电池电动势的测量

由铜电极和锌电极组成的电池如图2-8-2所示。

(1) 开机

用电源线将仪表后面板的电源插座与220 V电源连接，打开电源开关(ON)，预热15 min再进入下一步操作。

(2) 校验

① 将“测量选择”旋钮置于“内标”。

② 将测量线分别插入测量插孔内，将“10^0”位旋钮置于“1”，“补偿”旋钮逆时针旋到底，

其他旋钮均置于“0”，此时，“电位指示”显示“1.00000”V，将两测试线短接。

③ 待“检零指示”显示数值稳定后，按一下“归零”键，此时，“检零指示”显示为“0000”。

(3) 测量

① 将“测量选择”置于“断”。

② 用测试线将被测电动势按“+”“−”极性与“测量插孔”连接。

③ 将“测量选择”置于“测量”，同时进行下列操作。

④ 调节“10^0～10^{-4}”五个旋钮，使“检零指示”显示数值为负且绝对值最小。

⑤ 调节“补偿旋钮”，使“检零指示”显示为“0000”，此时，“电位显示”数值即为被测电动势的值。

分别测定下列各电池的电动势：

① Zn(s)|$ZnSO_4$(0.100 0 mol/kg)‖饱和甘汞电极

② 饱和甘汞电极‖$CuSO_4$(0.100 0 mol/kg)|Cu(s)

③ Zn(s)|$ZnSO_4$(0.100 0 mol/kg)‖$CuSO_4$(0.100 0 mol/kg)|Cu(s)

④ Cu(s)|$CuSO_4$(0.010 0 mol/kg)‖$CuSO_4$(0.100 0 mol/kg)|Cu(s)

五、数据记录与处理

(1) 按附表16中饱和甘汞电极的电极电势温度校正公式，计算实验温度时饱和甘汞电极的电极电势。

(2) 按式(2-8-1)计算下列电池电动势的理论值，并将计算得到的理论值与实验值进行比较。

Zn(s)|$ZnSO_4$(0.100 0 mol/kg)‖$CuSO_4$(0.100 0 mol/kg)|Cu(s)

Cu(s)|$CuSO_4$(0.010 0 mol/kg)‖$CuSO_4$(0.100 0 mol/kg)|Cu(s)

【注意】

计算时，$a_{Zn^{2+}}=\gamma_{Zn^{2+}}\dfrac{b_{Zn^{2+}}}{b^{\ominus}}$　$a_{Cu^{2+}}=\gamma_{Cu^{2+}}\dfrac{b_{Cu^{2+}}}{b^{\ominus}}$

由于单个离子的活度因子无法测定，故近似采用 $\gamma_+=\gamma_-=\gamma_\pm$。$\gamma_\pm$ 是平均离子活度因子，当浓度、温度、离子种类不同时，$\gamma_\pm$ 的数值是不同的。两种电解质的 $\gamma_\pm$ 的数值见表2-8-1。

表 2-8-1　电解质的平均离子活度因子

物质 \ $\gamma_\pm$ \ b/(mol/kg)	0.100 0	0.010 0
$CuSO_4$	0.16	0.40
$ZnSO_4$	0.15	0.387

(3) 根据下列电池电动势的实验值分别计算出锌、铜的电极电势及它的标准电极电势，并与手册中所记载的标准电极电势进行比较。

Zn(s)|$ZnSO_4$(0.100 0 mol/kg)‖饱和甘汞电极

饱和甘汞电极‖$CuSO_4$(0.100 0 mol/kg)|Cu(s)

六、思考题

(1) 测电动势为何要用盐桥？如何选用盐桥以适合不同的体系？

(2) 为什么不能用伏特计测量电池电动势?

(3) 对消法测量电池电动势的主要原理是什么?

实验九 阳极极化曲线的测定

一、实验目的

(1) 掌握恒电位法测定金属极化曲线的原理和方法;

(2) 了解极化曲线的意义和应用;

(3) 测定碳钢在碳铵溶液中的阳极极化曲线。

二、实验原理

在以金属作阳极的电解池中通过电流时,通常将发生阳极的电化学溶解过程。如阳极极化不大,阳极溶解过程的速度随电势变正而逐渐增大,这是金属的正常阳极溶解。但在某些化学介质中,当电极电势正移到某一数值时,阳极溶解速度随电势变正反而大幅度降低,这种现象称作金属的钝化。

处在钝化状态的金属的溶解速度是很小的,在金属防腐及作为电镀的不溶性阳极时,这正是人们所需要的。而在另外的情况如化学电源、电冶金和电镀中的可溶性阳极,金属的钝化就非常有害。

利用阳极钝化,使金属表面生成一层耐腐蚀的钝化膜来防止金属腐蚀的方法,叫作阳极保护。

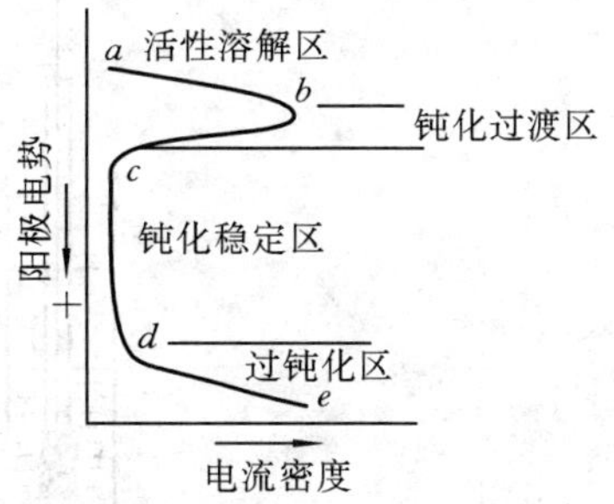

图 2-9-1 阳极极化曲线

用恒电势法测定的阳极极化曲线如图 2-9-1 所示。曲线表明,电势从 a 点开始上升(即电势向正方向移动),电流也随之增大,电势超过 b 点以后,电流迅速减至很小,这是因为在碳钢表面上生成了一层电阻高、耐腐蚀的钝化膜。到达 c 点以后,电势再继续上升,电流仍保持在一个基本不变的、很小的数值上。电势升至 d 点时,电流又随电势的上升而增大。从 a 点到 b 点的范围称为活性溶解区;b 点到 c 点的范围称为钝化过渡区;c 点到 d 点的范围称为钝化稳定区;d 点以后的范围称为过钝化区。对应于 b 点的电流密度称为致钝电流密度;对应于 c~d 段的电流密度称为维钝电流密度。如果对金属通以致钝电流(致钝电流密度与表面积的乘积)使表面生成一层钝化膜(电势进入钝化区),再用维钝电流(维钝电流密度与表面积的乘积)保持其表面的钝化膜不消失,金属的腐蚀速度将大大降低,这就是阳极保护的基本原理。

若用恒电流法,则极化曲线的 abc 段就作不出来,所以需要用恒电势法测定阳极钝化曲线。

三、仪器与试剂

HDV-7 型晶体管恒电位仪(或 JH-2C 型恒电位仪)1 台,H 型电解池 1 套,饱和甘汞电极(参比电极)1 支,碳钢电极(研究电极)1 支,铂或铅电极(辅助电极)1 支。

25%氨水被碳酸氢铵饱和的溶液。

四、实验步骤

(1) 先将碳钢电极在金相砂纸上磨光,再用绒布磨成镜面,每次测量前都需重复上述步骤。电极除一工作面外,其余五面用环氧树脂或石蜡封住。

(2) 研究电极和辅助电极浸入饱和碳酸氢铵溶液中,参比电极浸入饱和硝酸钾溶液中,两溶液通过饱和硝酸钾琼脂盐桥连通,鲁金毛细管小嘴距研究电极约 2 mm。

(3) 开机前将电流量程旋钮拨到“10 mA”挡,电位选择旋钮拨到“调零”,工作选择旋钮拨到“恒电位”,电位量程按下“-3 V~+3 V”。再把电源开关拨到“自然”,此时指示灯亮。预热约 10 min,调节“调零”电位器使伏特计指针指零(见图 2-9-2)。

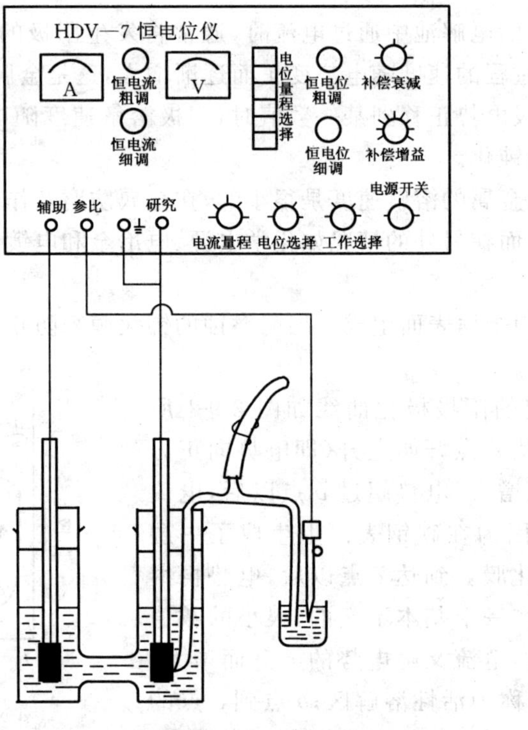

图 2-9-2 测定阳极极化曲线的接线图

(4) 将甘汞电极接“参比”柱,用导线将“研究”和“⊥”短接。碳钢电极接“研究”柱,铂或铅电极接“辅助”柱。为方便读数和提高读数精度,可将数字电压表的“+”端接“研究”柱,“-”端接“参比”柱,直接从数字电压表读数。

(5) 将电位测量选择旋钮拨到“参比”挡,这时电表指示出碳钢电极在研究介质中的开路电位,记下读数。

(6) 将电位测量选择旋钮拨到“给定”挡,调恒电位粗调和细调旋钮,使给定电位等于碳钢的开路电位。

(7) 电源开关拨到“极化”,电流量程拨至“100 μA”挡,这时电流表指示应为零,如不为零,调节恒电位细调使之为零,记下电位值。

(8) 将电流量程拨到“10 mA”挡,慢慢调节恒电位“粗”、“细”调旋钮,按顺时针方向转动。每改变 50 mV,记录一次相应的电流值。

为避免电流表超载打针，在调电位时应把电流量程调到“10 mA”挡，读电流时再选择适当的低挡量程。

在实验过程中要注意观察析出 H_2 和析出 O_2 的电势。

五、数据记录与处理

(1) 以 E(相对于饱和甘汞电极)为纵坐标、$\lg i$(i 为电流密度)为横坐标作图。

(2) 从阳极极化曲线上找出维钝电势范围和维钝电流密度(A/m^2)。

(3) 根据法拉第定律，计算金属的腐蚀速度

$$K = \frac{I_m t n}{26.8\rho \times 1\ 000} \qquad (\text{mm/年})$$

式中 I_m——维钝电流密度，A/m^2；

t——时间(一年按 330 天计，共 24×330 h)；

n——金属的电化当量，g($Fe^{3+}=\frac{56}{3}=18.7$ g)；

ρ——金属的密度，g/cm^3(对碳钢，$\rho=7.8\ g/cm^3$)。

六、思考题

(1) 阳极保护的基本原理是什么？什么样的介质才适于阳极保护？

(2) 什么是致钝电流和维钝电流？它们有什么不同？

(3) 在测量电路中，参比电极和辅助电极各有什么作用？

(4) 测定阳极钝化曲线为什么要用恒电位仪？

(5) 开路电位、析出 O_2 电势和析出 H_2 电势各有什么意义？

实验十 电动势法测定化学反应的热力学函数

一、实验目的

(1) 掌握可逆电池电动势的测量原理及电位差计的使用；

(2) 掌握电动势法测定化学反应热力学函数的有关原理和方法。

二、实验原理

如果一个化学反应可被设计成为可逆电池，则该电池反应在恒温恒压下的摩尔反应吉布斯函数 $\Delta_r G_m$ 和电池电动势 E 有如下关系

$$\Delta_r G_m = -zFE \tag{2-10-1}$$

式中，z 为进行单位反应进度时，电池中电极反应中电子转移的计量系数；F 为法拉第常数，数值为 96 484.6 C/mol；E 为可逆电池的电动势。

因为

$$\left(\frac{\partial \Delta_r G_m}{\partial T}\right)_p = -\Delta_r S_m \tag{2-10-2}$$

故

$$\Delta_r S_m = zF\left(\frac{\partial E}{\partial T}\right)_p \tag{2-10-3}$$

$$\Delta_r H_m = -zFE + zFT\left(\frac{\partial E}{\partial T}\right)_p \tag{2-10-4}$$

在恒压下测定不同温度下可逆电池电动势，以电动势对温度作图，从曲线的斜率可求得任一温度下的 $\left(\frac{\partial E}{\partial T}\right)_p$。由式(2-10-1)、式(2-10-3)及式(2-10-4)可计算该电池反应在各温

度下的 $\Delta_r G_m$、$\Delta_r S_m$ 和 $\Delta_r H_m$。

对于化学反应：

$$Zn(s)+2AgCl(s)\longrightarrow ZnCl_2(b)+2Ag(s)$$

可设计成下列可逆电池：

$$Zn(s)\mid ZnCl_2(0.1\ mol/kg)\mid AgCl(s)\mid Ag(s)$$

在室温附近，该电池电动势与温度近似呈直线关系。

本实验使用 SDC-Ⅱ$_B$型数字电位差综合测试仪测定上述电池的电动势，其原理和使用方法见第四章第七节。

三、仪器与试剂

SDC-Ⅱ$_B$数字电位差综合测试仪，恒温槽 1 套，H 形电池管，银电极，锌电极，直流电源，滑线变阻器，毫安表，金相砂纸。

0.1 mol/L $ZnCl_2$溶液，饱和 $Hg_2(NO_3)_2$溶液，1 mol/L 盐酸，浓氨水，3 mol/L HNO_3溶液，0.2 mol/L KCl 溶液。

四、实验步骤

1. 锌电极的处理

用金相砂纸轻轻把锌电极擦亮，用蒸馏水洗净，插入 $Hg_2(NO_3)_2$饱和溶液中数秒钟，使锌表面形成一层 Zn-Hg 齐。取出后用蒸馏水冲洗，并用滤纸轻轻擦去锌电极表面上灰色的 ZnO。汞齐化的目的在于防止电极表面生成 ZnO 薄膜而引起电极钝化。

2. 氯化银电极的制备

取银电极于 3 mol/L HNO_3溶液中浸泡 1 min，取出后用蒸馏水洗净。若银电极原来曾镀过 AgCl，则应依次用 3 mol/L HNO_3溶液及浓氨水分别浸泡 1～2 min。然后洗净并插入 1 mol/L 盐酸溶液中，以铂丝为阴极，银电极为阳极，以 1～1.5 mA 电流电解 30 min，取出，洗净后，得褐红色 AgCl 电极。新制得的 AgCl 电极应浸泡在与待测溶液的 Cl^- 浓度相等的 KCl 溶液中，避光保存 24 h 以上，才能稳定。因此，实验所用的 AgCl 电极均系以前所制备的。

3. 组装电池

在干净的 H 形电池管中注入 0.1 mol/L $ZnCl_2$溶液，然后分别插入锌电极和已稳定的 AgCl 电极，装置如图 2-10-1 所示。

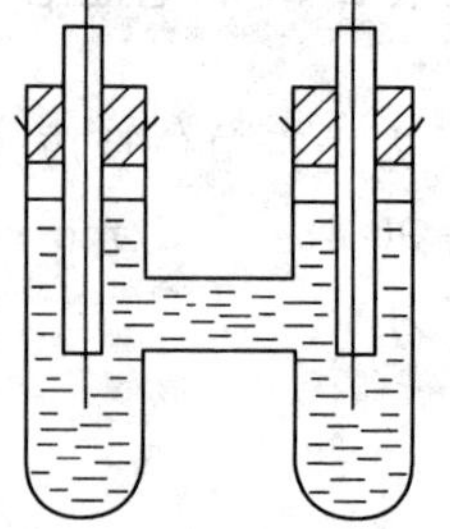

图 2-10-1　原电池装置图

4. 测定不同温度下电池的电动势

(1) 将 H 形电池管浸入恒温槽的水浴中，恒温槽温度调至较室温高 1～2 ℃，恒温 15 min；

(2) 按照电位差计的使用方法进行电池电动势测定。每隔 2 min 测定 1 次，至少重复测定 4～5 次。取其稳定的平均测量值。

(3) 再逐次将恒温槽温度调高 3 ℃，逐次重复上述操作，共测定 5 个温度下的电动势测量值。

五、数据处理

(1) 将测定数据列表，取每个温度下稳定电动势的平均值。

(2) 以温度 T 为横坐标、电池电动势 E 为纵坐标，作 E-T 图，求曲线斜率$\partial\left(\frac{\partial E}{\partial T}\right)_p$。

(3) 求取电池反应在各温度下及 298 K 时的 $\Delta_r G_m$、$\Delta_r S_m$、$\Delta_r H_m$值。

六、思考题

(1) 若实验测出的 E-T 图明显不是直线，则应如何计算各温度下的电池反应 $\Delta_r G_m$、$\Delta_r S_m$、$\Delta_r H_m$？

(2) 为什么要在锌电极表面形成一层均匀的汞齐？

(3) 此实验所测得的热力学函数变化应为对应于什么体系、什么始末状态的变化？

(4) AgCl 电极为什么要避光保存？在制备 AgCl 电极时，用 HNO_3及浓氨水浸泡是为了去掉电极表面的哪些物质？在盐酸中电解时，银电极上发生什么电极反应？

实验十一　强电解质极限摩尔电导率的测定

一、实验目的

(1) 了解强电解质溶液电导的概念和测定原理；

(2) 掌握用电导率仪测定 KCl 溶液的摩尔电导率，并用作图外推法求其极限摩尔电导率；

(3) 了解电导率仪的工作原理和使用方法。

二、实验原理

把含有 1 mol 电解质的溶液置于相距 1 m 的两个电极之间，该溶液所具有的电导称为摩尔电导率。摩尔电导率用 Λ_m表示，溶液的物质的量浓度用 c 表示，则摩尔电导率可表示为

$$\Lambda_m = \kappa/c \qquad (2\text{-}11\text{-}1)$$

溶液浓度降低，摩尔电导率增加，对于强电解质的稀溶液(小于 0.01 mol/L)，其摩尔电导率与浓度之间的关系可用下式表示

$$\Lambda_m = \Lambda_m^\infty - A\sqrt{c} \qquad (2\text{-}11\text{-}2)$$

式中，A 为常数；Λ_m^∞ 为无限稀溶液的摩尔电导率，称为极限摩尔电导率。

当溶液无限稀时，离子可以独立移动，不受其他离子的影响，每一种离子对电解质的摩尔电导率都有一定的贡献。故极限摩尔电导率是表征电解质性质的一个物理量，对它的测定有实际意义。

本实验用 CD400 型电导率仪测定不同浓度的 KCl 溶液的电导率，求出相应的摩尔电导率，再作 Λ_m-$\sqrt{c}$图，外推至 c=0，由截距求 Λ_m^∞。

三、仪器与试剂

CD400 型电导率仪，恒温槽，E2211T 型塑料壳电导电极 1 个，100 mL 容量瓶 5 个，50 mL 移液管 1 支，10 mL 移液管 3 支。

0.100 0 mol/L KCl 溶液。

四、实验步骤

(1) 将 0.100 0 mol/L KCl 溶液配制成 0.050 0 mol/L、0.010 0 mol/L、0.005 0 mol/L、0.001 0 mol/L、0.000 5 mol/L、0.000 1 mol/L 的 KCl 溶液。

(2) 调节恒温槽的温度在(25.0±0.1)℃。

(3) 调试电导率仪，进行仪器校正(参见第四章第六节)。

(4) 测量 KCl 溶液的电导率。

选择合适的电导电极，用少量的被测溶液洗涤 3～4 次(当电导池不用时，一定要放在纯水中，以免电极钝化，影响测量结果)。测量该溶液的电导率，读取 3 个数据。

用同样方法，依次测定 0.000 1 mol/L、0.000 5 mol/L、0.001 0 mol/L、0.005 0 mol/L、0.010 0 mol/L、0.050 0 mol/L、0.100 0 mol/L 的 KCl 溶液的电导率，每份溶液测量 3 次，测量前每种溶液必须在恒温槽中恒温 5～10 min。

(5) 电导水的电导率测定。先把电极引线插入电极插孔，调节电容补偿器，使电表指示为最小值，然后进行测量。

五、数据记录与处理

(1) 数据记录于下表中。

室温：________ 大气压：________ 湿度：________ 电导池常数 K_{cell} = ________

c/(mol/L)		0.000 1	0.000 5	0.001 0	0.005 0	0.010 0	0.050 0	0.100 0
κ/(μS/cm)	1							
	1							
	2							
κ/(μS/cm)								
Λ_m/[(S·m²)/mol]								
Λ_m^∞/[(S·m²)/mol]								

(2) 利用式(2-11-1)计算每种溶液的摩尔电导率 Λ_m^∞。

(3) 以 Λ_m 对 $\sqrt{c}$ 作图，外推至 $c=0$，求出 KCl 溶液的 Λ_m^∞ 值。

(4) 将测量值与文献值比较，若有显著的偏差，则应说明原因。

六、思考题

(1) 用电导率仪测量电导的数值，准确度怎样？为什么？

(2) 弱电解质能否如此测定？为什么？若想通过此法求醋酸的 Λ_m^∞ 值，应如何求？

实验十二 电动势法测定氯化银的溶度积

一、实验目的

(1) 学会用电动势法测定微溶盐氯化银的溶度积；

(2) 加深对液接电势概念的理解及学会消除液接电势的方法。

二、实验原理

电动势法是测定难溶盐溶度积的常用方法之一。测定氯化银的溶度积，可以设计下列电池：

$$Ag(s)|AgCl(s)|KCl(a_1)\parallel AgNO_3(a_2)|Ag(s)$$

电池的电极反应为：

负极反应 $Ag+Cl^-(a_1)\longrightarrow AgCl(s)+e^-$

正极反应 $Ag^+(a_2)+e^-\longrightarrow Ag$

电池反应 $Ag^+(a_2)+Cl^-(a_2)\longrightarrow AgCl(s)$

$$E=E_{右}-E_{左}$$

$$电池电动势=\left(E^{\ominus}_{Ag^+/Ag}+\frac{RT}{F}\ln a_{Ag^+}\right)-\left(E^{\ominus}_{Ag/AgCl/Cl^-}+\frac{RT}{F}\ln\frac{1}{a_{Cl^-}}\right)$$

$$=E^{\ominus}-\frac{RT}{F}\ln\frac{1}{a_{Ag^+}a_{Cl^-}} \qquad (2\text{-}12\text{-}1)$$

在电池反应达到平衡时，$E=0$，$a_{Ag^+}\cdot a_{Cl^-}=K_{sp}$

故有
$$E^{\ominus}=\frac{RT}{F}\ln\frac{1}{K_{sp}} \qquad (2\text{-}12\text{-}2)$$

因此
$$E=\frac{RT}{F}\ln\frac{1}{K_{sp}}-\frac{RT}{F}\ln\frac{1}{a_{Ag^+}a_{Cl^-}} \qquad (2\text{-}12\text{-}3)$$

整理得
$$\lg K_{sp}=-\frac{EF}{2.303RT}+\lg a_{Ag^+}a_{Cl^-} \qquad (2\text{-}12\text{-}4)$$

若已知银离子和氯离子的活度，测定了电池的电动势值，就能求出氯化银的溶度积。

三、仪器与试剂

SDC-Ⅱ$_B$型数字电位差综合测试仪 1 台，超级恒温槽 1 台，粗试管 2 个，50 mL 烧杯 3 个，Ag-AgCl 电极 1 个，Ag 电极 1 个，饱和硝酸钾盐桥。

0.100 0 mol/kg KCl，0.100 0 mol/kg $AgNO_3$。本实验所用试剂均为分析纯，溶液用二次蒸馏水配制。

四、实验步骤

1. 组成原电池

将 Ag-AgCl 电极组合成下列电池，装置如图 2-12-1 所示。

$$Ag(s)\,|\,AgCl(s)\,|\,KCl(a_1)\,\|\,AgNO_3(a_2)\,|\,Ag(s)$$

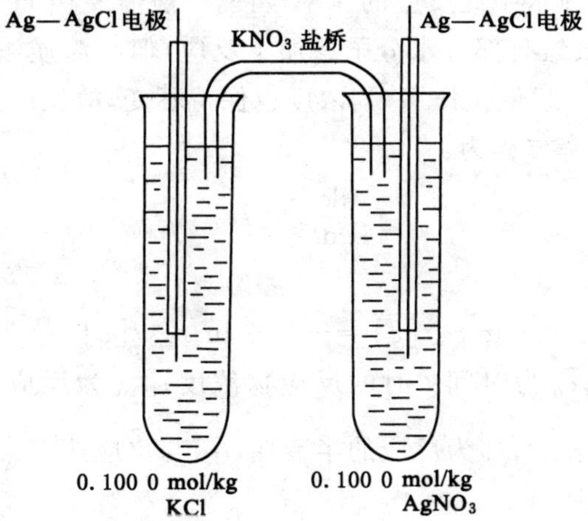

图 2-12-1　电池的组合

2. 电池电动势的测量

将电池置于 25 ℃的超级恒温槽中，用电位差计测定电池电动势。测定时，电池电动势值开始时可能不稳定，每隔一定时间测定 1 次，到测得稳定值为止。

五、数据处理

(1) 记录上述电池的电动势值。

(2) 已知 25 ℃时，0.100 0 mol/kg 硝酸银溶液中银离子的平均活度因子为 0.731，

0.100 0 mol/kg 氯化钾溶液中氯离子的平均活度因子为 0.769，将测得的电池电动势值代入式(2-12-4)，求出氯化银的溶度积。

(3) 将本实验测得的氯化银的溶度积与文献值比较。

六、思考题

(1) 试分析有哪些因素影响实验结果？

(2) 简述消除液接电势的方法。

动力学实验

实验十三　蔗糖水解反应速率常数的测定

一、实验目的

(1) 测定在酸存在下蔗糖水解反应的速率常数和半衰期；

(2) 了解反应物浓度与反应体系旋光度之间的关系；

(3) 了解旋光仪的基本原理，掌握旋光仪的使用方法。

二、实验原理

蔗糖溶液在酸性介质中可以水解生成葡萄糖和果糖，反应式如下：

$$\underset{\text{蔗糖}}{C_{12}H_{22}O_{11}} + H_2O \xrightarrow{H^+} \underset{\text{葡萄糖}}{C_6H_{12}O_6} + \underset{\text{果糖}}{C_6H_{12}O_6}$$

该反应为二级反应，纯水中此反应的速率极慢，一般需要在 H^+ 催化作用下进行。在水解反应中，水是大量的，虽然有部分水分子参加了反应，但与溶质浓度改变相比可以认为它的浓度是恒定的，而且 H^+ 起催化作用，其浓度也保持不变，故反应速率只与蔗糖浓度有关，可看为假一级反应，其速率方程为：

$$-\frac{dc_A}{dt} = kc_A \tag{2-13-1}$$

积分上式得：

$$\ln c_A/[c] = -kt + \ln c_{A,0}/[c] \tag{2-13-2}$$

式中，k 为反应速率常数；c_A 为时间 t 时的反应物浓度；$c_{A,0}$ 为反应物的初始浓度。当 $c_A = \frac{1}{2}c_{A,0}$ 时，时间 t 可用 $t_{1/2}$ 表示，即为反应的半衰期，$t_{1/2}$ 与反应速率常数的关系为

$$t_{\frac{1}{2}} = \frac{\ln 2}{k} = \frac{0.693}{k} \tag{2-13-3}$$

由式(2-13-2)看出：只要测得不同反应时刻对应的反应物浓度，就可作图得到一条直线，由直线斜率求得反应速率常数。然而，反应是在不断进行的，要快速分析出不同时刻反应物的浓度是困难的。

在本实验中，蔗糖及其水解产物都具有旋光性，且它们的旋光能力不同，故可利用系统在反应过程中旋光度的变化量来度量反应的进程。

测定物质旋光度所用的仪器称为旋光仪。溶液的旋光度与溶液中所含旋光物质的旋光能力、溶剂性质、溶液浓度、试样管长度、光源波长和温度等因素有关。

$$\alpha = [\alpha]_\lambda^t \cdot L \cdot c \cdot M \qquad (2\text{-}13\text{-}4)$$

式中，$[\alpha]_\lambda^t$ 为比旋光度，其物理意义是温度为 t(20 ℃)、波长为 l(D)(表示钠黄光，波长 l=589 nm)的偏振光通过 1 dm 厚、每立方厘米中含有 1 g 旋光性物质的溶液时产生的旋光角，可以度量物质的旋光能力；λ 为所用光源的波长，一般用钠光的 D 线，其波长为 5.89×10^{-7} m；t 为测定温度；L 为试样管长度；c 为旋光物质的摩尔浓度；M 为旋光物质的摩尔质量。

由式(2-13-4)可以看出，当其他条件不变时，旋光度与物质浓度成正比，即

$$\alpha = \beta \cdot c \qquad (2\text{-}13\text{-}5)$$

式中，$\beta=[\alpha]_\lambda^t \cdot L \cdot M$，为比例系数。与旋光物质的本性、试管样长度、温度等有关。

反应物蔗糖是右旋物质，其比旋光度$[\alpha]_D^{20}=+66.6°$，产物中葡萄糖也是右旋物质，其$[\alpha]_D^{20}=+55.5°$，果糖是左旋物质，其$[\alpha]_D^{20}=-91.9°$，但其旋光能力比葡萄糖大，因此，总体看产物混合物是左旋的，因此，随水解反应的进行，右旋角不断减小，当反应至某一瞬间，体系将经过零变成左旋，直至蔗糖完全转化，这时左旋度达到最大值。因此可以利用体系在反应过程中旋光度的改变来跟踪反应的进程。

设 α_0、α_t 和 α_∞ 分别表示反应在起始时刻、t 时刻和无限长时体系的旋光度。反应在相同条件下进行，旋光度与浓度成正比，而且溶液的旋光度为各组成旋光度之和，则

$$\alpha_0 = \beta_{反} c_{A,0}(\text{蔗糖尚未转化}, t=0) \qquad (2\text{-}13\text{-}6)$$

$$\alpha_\infty = \beta_{生} c_{A,0}(\text{蔗糖全部转化}, t=\infty) \qquad (2\text{-}13\text{-}7)$$

式中，$\beta_{反}$，$\beta_{生}$ 分别为反应物与生成物的比例常数；$c_{A,0}$ 为反应物的起始浓度，亦是生成物的最后浓度。t 时刻的蔗糖浓度为 c_A，则有：

$$\alpha_t = \beta_{反} c_A + \beta_{生}(c_{A,0} - c_A) \qquad (2\text{-}13\text{-}8)$$

由式(2-13-6)～式(2-13-8)，可导出

$$c_{A,0} = \frac{(\alpha_0 - \alpha_\infty)}{\beta_{反} - \beta_{生}} = \beta(\alpha_0 - \alpha_\infty) \qquad (2\text{-}13\text{-}9)$$

$$c_A = \frac{(\alpha_t - \alpha_\infty)}{\beta_{反} - \beta_{生}} = \beta(\alpha_t - \alpha_\infty) \qquad (2\text{-}13\text{-}10)$$

将式(2-13-9)、式(2-13-10)代入式(2-13-2)可得：

$$\ln(\alpha_t - \alpha_\infty) = -kt + \ln(\alpha_0 - \alpha_\infty) \qquad (2\text{-}13\text{-}11)$$

以 $\ln(\alpha_t-\alpha_\infty)$ 对时间 t 作图可得一条直线，由直线的斜率即求得反应速率常数 k。

三、仪器与试剂

WZZ-2B 数字式旋光仪 1 台，恒温槽 1 台，50 mL 烧杯 2 个，洗耳球 1 个，秒表 1 块，25 mL 容量瓶 1 个，100 mL 锥形瓶 2 个，25 mL 移液管 1 支。

蔗糖(AR)，HCl 溶液(3mol/L)。

四、实验步骤

(1) 调节恒温槽的温度在(30±0.1)℃。

(2) 溶液配制与恒温

称取 5 g 蔗糖于烧杯中，加蒸馏水溶解，移至 25 mL 容量瓶定容至刻度，将蔗糖溶液注入一锥形瓶中，另用移液管吸取 25 mL 浓度为 3 mol/L 的 HCl 溶液注入另一锥形瓶中，将两个锥形瓶用玻璃塞或橡皮塞盖好后，置于(30±0.1)℃的恒温槽中恒温 10～15 min。

(3) 旋光仪的零点校正

(4) 测量

α_t 的测定(参见第四章第八节):将恒温后的两个锥形瓶取出,将 HCl 溶液倾倒至蔗糖溶液中,同时按秒表计时,然后将两锥形瓶互相倾倒 2～3 次,使溶液混合均匀。旋光管内腔用少量溶液淌洗 2～3 次,向其中注满溶液并使其呈凸液面,取玻璃盖片沿管口轻轻推入盖好,再旋紧套盖,勿使漏液或有较大气泡产生。旋紧套盖时注意用力适当,若用力过大,易压碎玻璃盖片,或使玻璃片产生应力,影响旋光度。若管中液体有微小气泡,可将其赶至管一端的凸肚部分。用干布或滤纸擦干旋光管表面,用镜头纸擦净两端玻璃片,将旋光管放入旋光仪试样室的试样槽内,待面板上的"1"灯亮时,面板上的示数恒定,此时先记录反应时间,再记录旋光值。要求第一个读数能在反应开始 3 min 读出,以后可以每 5 min 测一次旋光度,经过 1 h 后停止实验。注意:每两次测量中间要将旋光管放在恒温槽中恒温,旋光管放入旋光仪测量前必须用布将水擦干。

α_∞ 的测定有两种方法:

① 将测量步骤(4)中的剩余混合液置于 55 ℃的水浴锅中加热 30 min,以加速水解反应,然后冷却至实验温度,测其旋光度,此值即可认为是 α_∞。

② 将剩余混合液在室温下放置 48 h,重新恒温至实验温度,测其旋光度,此值即 α_∞。

(5) 实验结束

实验结束后切记将旋光管内外用蒸馏水洗净,擦干,防止酸对旋光管和仪器的腐蚀。

【注意】

(1) 开机后"测量"键只需按一次,如果误按该键,液晶无显示,可再按一次"测量"键,液晶重新显示,此时需重新校零,然后再将待测液重新放入旋光仪试样室的试样槽内进行测量。若液晶已有数字显示,则不需按"测量"键,当放入试样时,它会自动显示数值。

(2) 若有空气留在旋光管内,须将空气赶到旋光管凸肚内。

(3) 旋光管中的玻璃片要小心拿放,且用手拿它时,要拿其侧面,否则会使其粘上油污,影响其测量效果。

(4) 旋钮旋光管上的螺旋时,不要用力太大,否则会引起附加旋光值。

五、数据记录与处理

(1) 将实验数据记录于下表中。

室温:________;大气压:________;反应温度:________;c_{HCl}:________;α_∞:________

旋光度测定实验数据

t/min													
α_t/(°)													
$\alpha_t-\alpha_\infty$/(°)													
$\ln(\alpha_t-\alpha_\infty)$													

(2) 以 $\ln(\alpha_t-\alpha_\infty)$ 对 t 作图。

(3) 由直线的斜率求出蔗糖水解反应速率常数,并计算半衰期 $t_{1/2}$。

六、思考题

(1) 蔗糖水解反应速率常数与哪些因素有关?

（2）为什么可用蒸馏水来校正旋光仪的零点？所测旋光度是否必须进行零点校正？

（3）蔗糖的质量用台秤进行称重，对速率常数的测定有无影响？

（4）在混合蔗糖溶液和盐酸溶液时，为什么将盐酸溶液倒入蔗糖溶液中，而不是相反？

（5）氢离子浓度和酸种类对反应速率常数测定是否有影响？

实验十四 乙酸乙酯皂化反应动力学参数的测定

一、实验目的

（1）了解二级反应的特点，学会用图解法计算反应的速率常数；

（2）掌握用电导率仪测定乙酸乙酯皂化反应的速率常数和活化能的方法；

（3）熟悉电导率仪的使用方法。

二、实验原理

乙酸乙酯皂化反应是一个二级反应，其反应方程式为：

$$CH_3COOC_2H_5 + NaOH \longrightarrow CH_3COONa + C_2H_5OH$$

当乙酸乙酯与氢氧化钠溶液的起始浓度相同时，设反应时间为 t 时，反应所产生的 CH_3COO^- 和 C_2H_5OH 的浓度为 x。若逆反应可忽略，则不同时刻反应物和产物的浓度为

	$CH_3COOC_2H_5$	$+OH^-$	$\longrightarrow CH_3COO^-$	$+C_2H_5OH$
$t=0$	$c_{A,0}$	$c_{A,0}$	0	0
$t=t$	$c_{A,0}-x$	$c_{A,0}-x$	x	x
$t=\infty$	0	0	$c_{A,0}$	$c_{A,0}$

则反应的速率方程可表示为

$$-\frac{d(c_{A,0}-x)}{dt}=\frac{dx}{dt}=k(c_{A,0}-x)^2 \tag{2-14-1}$$

式中，k 为反应速率常数。将上式积分得

$$\frac{x}{c_{A,0}(c_{A,0}-x)}=kt \tag{2-14-2}$$

起始浓度 $c_{A,0}$ 为已知，因此只要由实验测得不同时间 t 时的 x 值，以 $\frac{x}{c_{A,0}-x}$ 对 t 作图，若所得为一直线，证明是二级反应，并可以从直线的斜率求出其速率常数 k。

不同时间 t 时反应组分的浓度可用化学分析法测定，也可用物理法（如电导法）测定，本实验采用电导法测定其 x 值。

在乙酸乙酯皂化反应中，参加导电的离子有 OH^-、Na^+ 和 CH_3COO^-，由于反应体系是稀溶液，可认为 CH_3COONa 全部电离，因此，反应前后 Na^+ 的浓度不变，随着反应的进行，一定量的电导率大的 OH^- 离子变化成等量的电导率小的 CH_3COO^- 离子，溶液导电能力明显下降，致使溶液的电导率逐渐减小。另外，在稀溶液中，每种强电解质的电导率 κ 与溶液的浓度成正比，而且溶液的总电导率等于组成溶液的电解质的电导率之和。因此可用电导率仪测量皂化反应进程中电导率随时间的变化，从而达到跟踪反应物浓度随时间变化的目的。

设反应起始时（$t=0$）体系的电导率为 κ_0，溶液的电导率全由 NaOH 贡献，如果在稀溶液下反应，则

$$\kappa_0 = A_1 c_{A,0} \tag{2-14-3}$$

反应终结时（$t=\infty$）体系的电导率为 κ_∞，溶液的电导率全由 CH_3COONa 贡献，生成物

的浓度也为 $c_{A,0}$，同样有

$$\kappa_\infty = A_2 c_{A,0} \tag{2-14-4}$$

当时间为 t 时，OH^- 离子的浓度为 $c_{A,0}-x$，CH_3COO^- 的浓度为 x，此时溶液的电导率为 κ_t，由二者共同贡献，有

$$\kappa_t = A_1(c_{A,0} - x) + A_2 x \tag{2-14-5}$$

式中，A_1，A_2 是与温度、溶剂、电解质 NaOH 及 CH_3COONa 的性质有关的比例常数。由式(2-14-3)～式(2-14-5)可得

$$x = \frac{\kappa_0 - \kappa_t}{\kappa_0 - \kappa_\infty} c_{A,0} \tag{2-14-6}$$

代入式(2-14-2)得

$$k = \frac{1}{c_{A,0}t}\frac{\kappa_0 - \kappa_t}{\kappa_t - \kappa_\infty} \tag{2-14-7}$$

移项整理得

$$\kappa_t = \frac{1}{kc_{A,0}}\frac{\kappa_0 - \kappa_t}{t} + \kappa_\infty \tag{2-14-8}$$

以 κ_t 对 $(\kappa_0-\kappa_t)/t$ 作图可得一条直线，其斜率等于 $\frac{1}{kc_{A,0}}$，由此可求出某温度下的反应速率常数 k。

反应速率常数与温度的关系符合阿伦尼乌斯方程，即

$$\frac{\mathrm{dln}\, k}{\mathrm{d}T} = \frac{E_a}{RT^2} \tag{2-14-9}$$

积分上式，得

$$\ln k = -\frac{E_a}{R}\cdot\frac{1}{T} + C \tag{2-14-10}$$

式中，C 为积分常数；E_a 为反应的表观活化能。

在不同温度下测定反应速率常数，以 $\ln k$ 对 $1/T$ 作图，应得一条直线，由直线的斜率可以算出 E_a 值；可以测量两个温度 T_1 和 T_2 下的反应速率常数 k_1 和 k_2，由阿伦尼乌斯方程可计算出该反应的活化能 E_a 值，即

$$\ln\frac{k_2}{k_1} = \frac{E_a}{R}\left(\frac{T_2 - T_1}{T_1 T_2}\right) \tag{2-14-11}$$

三、仪器与试剂

恒温槽（玻璃恒温水浴和智能数字恒温控制器组成）1 套，CD400 电导率仪 1 台，E2211T 型塑料壳电导电极 1 个，混合反应器 1 个，秒表 1 个，10 mL、20 mL 移液管各 1 个，250 mL 容量瓶 1 个，大试管 1 个，洗耳球 1 个。

$CH_3COOC_2H_5$(AR)，0.100 mol/L NaOH 溶液，二次蒸馏水。

四、实验步骤

(1) 调节恒温槽的温度在(25±0.1) ℃。

(2) 电导率仪

开启电导率仪的电源，预热 15 min 并进行校正。

(3) 配制溶液

① 配制与实验室给出的 NaOH 准确浓度(约 0.100 mol/L)相等的乙酸乙酯溶液。其方法是:查出室温下乙酸乙酯的体积质量浓度,已知 $M_{乙酸乙酯}=88.097$ g/mol。计算出配制 250 mL 0.100 mol/L 的乙酸乙酯水溶液所需的乙酸乙酯的体积。

② 向 250 mL 容量瓶中加入 2/3 体积的二次蒸馏水,然后用移液管吸取所需的乙酸乙酯,注入 250 mL 容量瓶中,加二次蒸馏水定容至刻度,摇匀,即为与 NaOH 准确浓度(0.100 mol/L)相等的乙酸乙酯水溶液。

(4) κ_0 的测定

用移液管取 20 mL 浓度为 0.100 mol/L 的 NaOH 溶液放入干净、干燥的大试管中,再加入 20 mL 二次蒸馏水摇荡混匀,然后将电极插入上面的大试管中,放入恒温槽中恒温 10 min 以上(最好塞上塞子),并轻轻摇动数次,测定其电导率,每隔 2 min 测一次,共测三次,取其平均值,即为 κ_0。

(5) κ_t 的测定

用移液管取 20 mL 浓度为 0.100 mol/L 的 NaOH 溶液放入干净、干燥的混合反应器 A 池中,加 20 mL,0.100 mol/L $CH_3COOC_2H_5$ 溶液于混合反应器 B 池中,将电导电极插入 A 池中,B 池塞上带橡皮管的橡皮塞,如图 2-14-1 所示,置于 25 ℃恒温槽内恒温 10 min。溶液达到恒温后,用洗耳球将溶液快速从 B 池压入 A 池,溶液压入一半时开始计时,并继续压气,将 B 池中的溶液全部压入 A 池(越快越好,争取在 0.5 min 内完成),最初每 0.5 min 记录一次数据,共 4 次。然后每 1 min 记录一次数据,共 4 次。然后每 2 min 记录一次数据,共 4 次。最后每 3 min 记录一次数据,共 4 次。总共读取 16 个数据,将电导电极冲洗干净,吸干。

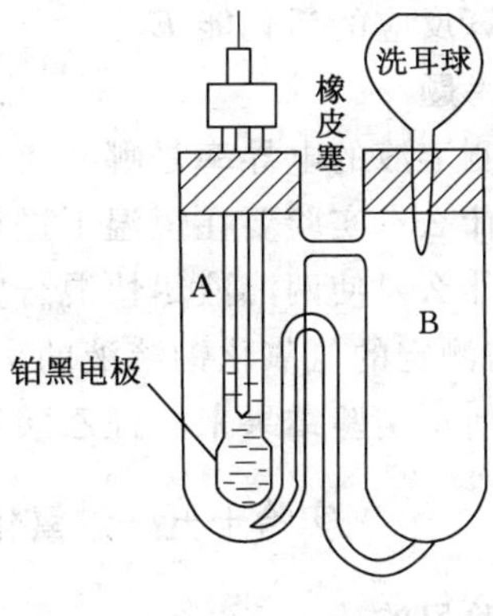

图 2-14-1 混合反应器

(6) 调节恒温槽的温度在(30±0.1)℃,重复步骤(4)和(5),测定另一温度下的 κ_0,κ_t。

(7) 实验结束

关闭电源,取出电极,用二次蒸馏水洗净并置于导电水中保存待用。倒掉反应液,清洗大试管和混合反应器。

【注意】

(1) $CH_3COOC_2H_5$ 溶液水解缓慢,水解产物 CH_3COOH 又会消耗 NaOH。故 $CH_3COOC_2H_5$ 溶液要现配现用。

(2) 称量 $CH_3COOC_2H_5$ 时动作要迅速,防止液体挥发,恒温 $CH_3COOC_2H_5$ 溶液时管口要塞紧,防止蒸发,影响浓度。

(3) 不能用滤纸擦拭电导电极的铂黑。

五、数据记录与处理

将所测实验数据填入下表中。

室温:______________;大气压:______________

25 ℃时的实验数据(κ_0 = ________ S/m)

t/min																
κ_t/(S/m)																
$(\kappa_0-\kappa_t)/t$/[S/(m·min)]																

30 ℃时的实验数据(κ_0 = ________ S/m)

t/min																	
κ_t/(S/m)																	
$(\kappa_0-\kappa_t)/t$/[S/(m·min)]																	

(1) 分别做出(25±0.1)℃、(30±0.1)℃温度下的 κ_t-$(\kappa_0-\kappa_t)/t$ 图,由直线的斜率求出两温度下的 k。

(2) 计算反应的活化能 E_a。

六、思考题

(1) 被测溶液的电导率是哪些离子的贡献?反应进程中溶液的电导率为何发生变化?

(2) 为什么本实验要在恒温下进行,而且氢氧化钠和乙酸乙酯溶液混合前要预先恒温?

(3) 为什么要使两溶液尽快混合完毕?开始一段时间的测定间隔期为什么要短?作图外推求 κ_0 与测定的氢氧化钠溶液的 κ_0 是否一致?

(4) 如何从实验结果来验证乙酸乙酯皂化反应为二级反应?

实验十五 过氧化氢催化分解反应速率常数的测定

一、实验目的

(1) 了解一级反应的特点;

(2) 了解反应物浓度、催化剂、温度等因素对反应速率的影响;

(3) 测定过氧化氢催化分解反应的速率常数、半衰期和反应的活化能。

二、实验原理

化学反应的速率取决于反应物的浓度、温度、压力、催化剂、搅拌速率等许多因素。过氧化氢在常温、没有催化剂存在时,分解反应进行得很慢。加入催化剂能够明显地提高分解反应速率,过氧化氢分解反应的化学方程式如下:

$$2H_2O_2(l) = 2H_2O(l) + O_2(g)$$

若以 KI 为催化剂,H_2O_2催化分解的机理为:

$$H_2O_2 + KI \longrightarrow KIO + H_2O(\text{慢})$$

$$KIO \longrightarrow KI + 1/2O_2$$

第一步的速率比第二步慢很多,所以过氧化氢的分解反应速率主要由第一步决定,过氧化氢分解反应的速率方程为

$$r = -\frac{dc_{H_2O_2}}{dt} = k' c_{KI} c_{H_2O_2} \tag{2-15-1}$$

式中,$c_{H_2O_2}$为反应系统中反应到 t 时刻 H_2O_2的浓度。因 KI 浓度不变,c_{KI}与 k'合并后为常数,令其等于 k,上式可简化为

$$r=-\frac{dc_{H_2O_2}}{dt}=kc_{H_2O_2} \tag{2-15-2}$$

式中，$k=k'c_{KI}$，称为反应速率常数，当温度和催化剂一定时，k 为定值。式(2-15-2)表明，反应速率与 H_2O_2 浓度的一次方成正比，故称为一级反应，将式(2-15-2)分离变量，积分得：

$$\ln\frac{c_A}{c_{A,0}}=-kt \tag{2-15-3}$$

式中，$c_{A,0}$ 为 H_2O_2 的初始浓度；c_A 为反应进行到 t 时刻 H_2O_2 的浓度。当在反应进行过程中，测定不同时刻反应系统中 H_2O_2 的浓度 c_A，以 $\ln c_A$ 对 t 作图，得一直线，直线斜率为 $-k$。

当反应物浓度为初始浓度的一半时，所需要的时间称为反应的半衰期 $t_{1/2}$。

$$t_{1/2}=\frac{\ln 2}{k}=\frac{0.693}{k} \tag{2-15-4}$$

对于 t 时刻 H_2O_2 浓度的求法有许多种，采用物理的方法测定反应系统某组分的浓度具有许多优点，如可以跟踪系统某组分或各组分物理性质的变化，不需要终止反应便可随时测定某一时刻反应系统某组分或各组分的浓度。所谓物理的方法是利用反应系统某组分或各组分的某些物理性质(如体积、压力、电动势、折光率、旋光度等)与待测值有确定的线性函数关系的特征，通过测定系统中该物理性质的变化，间接测量浓度变化。

在过氧化氢催化分解过程中，t 时刻 H_2O_2 的浓度 c_A 可通过测量在相应的时间内反应放出 O_2 的体积求得。因为，在分解反应中，放出 O_2 的体积与分解的 H_2O_2 的量成正比。若用 V_∞ 表示 H_2O_2 全部分解放出 O_2 的体积，V_t 表示 H_2O_2 在 t 时刻分解放出 O_2 的体积，则

$$c_{A,0}=kV_\infty \tag{2-15-5}$$

$$c_A=k(V_\infty-V_t) \tag{2-15-6}$$

将上述关系代入式(2-15-3)，得

$$\ln\frac{c_A}{c_{A,0}}=\ln\frac{V_\infty-V_t}{V_\infty}=-kt \tag{2-15-7}$$

$$\ln(V_\infty-V_t)=-kt+\ln V_\infty \tag{2-15-8}$$

从式(2-15-8)中可以看出，$\ln(V_\infty-V_t)$ 对时间 t 作图得到一条直线，从直线的斜率可求出 k。式中 V_∞ 可由实验所用 H_2O_2 的体积及浓度计算出来。

标定 H_2O_2 浓度的方法如下：在酸性溶液中用高锰酸钾标准溶液滴定，求出 H_2O_2 的初始浓度 $c_{H_2O_2}$，从而算出 V_∞。

$$5H_2O_2+2KMnO_4+3H_2SO_4 \xlongequal{} 2MnSO_4+K_2SO_4+8H_2O+5O_2$$

$$c_{H_2O_2}=\frac{5c_{KMnO_4}V_{KMnO_4}}{2V_{H_2O_2}} \tag{2-15-9}$$

$$V_\infty=\frac{c_{H_2O_2}V_{H_2O_2}}{2}\frac{RT}{p_{O_2}} \tag{2-15-10}$$

式中，$V_{H_2O_2}$ 为滴定时取样，mL；V_{KMnO_4} 为滴定用 $KMnO_4$ 的溶液的体积，mL；p_{O_2} 为氧气的分压。

三、仪器与试剂

磁力加热搅拌器 1 台，实验装置 1 套(见图 2-15-1)，5 mL 移液管 1 支，锥形瓶反应器 250 mL 1 个，秒表 1 块。

2% H_2O_2 溶液(新配)，0.1 mol/L KI 溶液，3.0 mol/L H_2SO_4 溶液，0.04 mol/L $KMnO_4$

标准液。

四、实验步骤

(1) 检漏。按图 2-15-1 安装实验装置，旋转三通活塞通大气，升高水准瓶，使液体充满量气管。然后旋转三通活塞，使系统与外界隔绝，降低水准瓶，使量气管与水准瓶的水位相差 10 cm 左右，若保持 4 min 不变，即表示不漏气；否则就漏气，仔细查找原因。

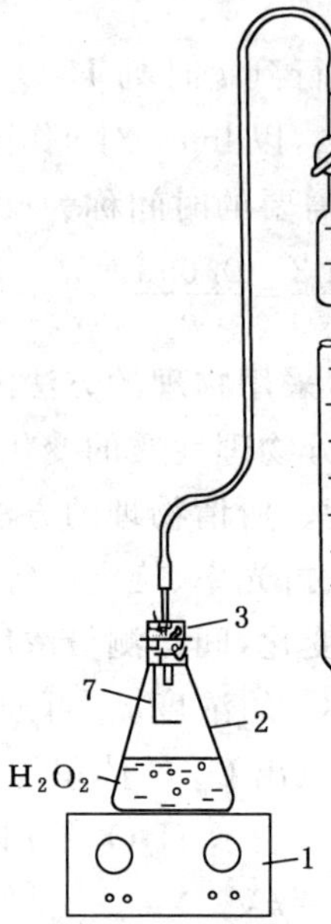

图 2-15-1 过氧化氢催化分解反应实验装置图

1——磁力加热搅拌器；2——锥形瓶反应器；3——胶塞；4——三通活塞；5——量气管；6——水准瓶；7——固体催化剂储槽

(2) 测量。在干净的锥形瓶中放入磁力搅拌磁子，用移液管吸取 10 mL 质量分数为 2%的 H_2O_2溶液于锥形瓶中，让系统通大气，调节水准瓶的位置，使量气管和水准瓶的水平相平处于上端 0 刻度处。开动搅拌，调节适当搅拌速度，并恒定，然后将 20 mL 蒸馏水和 10 mL 0.1 mol/L 的 KI 混合溶液注入锥形瓶中，迅速塞紧胶塞，将三通活塞不通大气，通系统，并开始计时。反应开始时，每隔 2 min 读取量气管的示数 1 次(注意每次读数时一定要使水准瓶和量气管内液面保持同一水平高度)，直至量气管液面降至约 50 mL 为止。

(3) 测定 H_2O_2的初始浓度 $c_{H_2O_2}$。移取 5 mL H_2O_2溶液于 250 mL 锥形瓶中，加入 10 mL 3.0 mol/L H_2SO_4溶液，用 0.04 mol/L $KMnO_4$标准液滴至淡粉红色，读取所用 $KMnO_4$标准液的体积。重复 2 次，取平均值。

【注意】

(1) 整个反应过程中，系统应保持不漏气。

(2) 每次读数时一定要使水准瓶和量气管内液面保持同一水平高度。

(3) 搅拌速度应适中，尽量保持恒定，不宜过快。

五、数据记录与处理

(1) 将所测实验数据填入下表中。

室温：__________；大气压：__________；V_∞ = __________ mL

过氧化氢分解反应实验数据记录表

时间 t/min	V_t/mL	$\ln(V_\infty - V_t)$	时间 t/min	V_t/mL	$\ln(V_\infty - V_t)$

(2) 计算 H_2O_2的初始浓度 $c_{H_2O_2}$ 及 V_∞；

(3) $\ln(V_\infty - V_t)$对 t 作图，从直线的斜率求出反应速率常数 k。

(4) 计算反应的半衰期 $t_{1/2}$。

由于反应体系有水存在，故计量的氧气体积中有水蒸气存在，因此需要校正，扣除水蒸气。校正公式为：

$$V_{校正} = V_{测量}(1 - p_{水蒸气}/p_{大气})$$

六、思考题

(1) 本实验所用仪器是否需要绝对干燥？

(2) 为什么水准瓶、量气管内液面在实验过程中应随时保持一致？

(3) 本实验中所测反应速率常数 k 与 KI 有无关系？k 与哪些因素有关？

(4) 在实验过程中，为什么要保持搅拌速率稳定？

实验十六 丙酮碘化反应动力学

一、实验目的

(1) 测定酸作催化剂时丙酮碘化反应的级数、速率常数及反应的活化能；

(2) 学会用孤立法确定反应级数的方法；

(3) 学会分光光度计的使用。

二、实验原理

大多数化学反应均是由若干个基元反应组成的复杂反应。这类反应的反应速率与反应物浓度间的关系不能用质量作用定律来确定，在一定条件下通过实验来求得。若有多种物质参加反应，可以用孤立法确定各反应组分的分级数，即先改变一种物质的浓度，而其他物质的浓度保持不变，求出反应对该物质的反应分级数。依此类推，就可以确定反应对各种物质的反应分级数，从而建立反应速率方程。

在酸性条件下，丙酮的碘化反应是一个复杂反应，该反应的化学方程式为：

$$CH_3COCH_3 + I_2 \longrightarrow CH_3COCH_2I + H^+ + I^-$$

此反应中 H^+ 作为催化剂，又是反应产物之一，所以这是一个自催化反应。其反应的速率方程可写为

$$r=-\frac{\mathrm{d}c_{I_2}}{\mathrm{d}t}=kc_A^{\alpha}c_{I_2}^{\beta}c_{H^+}^{\gamma} \tag{2-16-1}$$

式中，A 表示丙酮；r、$-\frac{\mathrm{d}c_{I_2}}{\mathrm{d}t}$表示碘化反应的速率；$k$ 表示反应速率常数；c_A、c_{I_2}、c_{H^+} 分别表示丙酮、碘、氢离子的浓度；α、β、γ 分别表示丙酮、碘、氢离子的反应分级数。

如果进行两次实验，两次实验中都保持 I_2 和 H^+ 的初始浓度相同，只改变 CH_3COCH_3 的初始浓度，分别测定在同一温度下的反应速率，则它们初始速率之比为

$$\frac{r_2}{r_1}=\frac{kc_A^{\alpha}(2)}{kc_A^{\alpha}(1)}=\left[\frac{c_A(2)}{c_A(1)}\right]^{\alpha} \tag{2-16-2}$$

$$\alpha=\frac{\lg\left(\frac{r_2}{r_1}\right)}{\lg\left(\frac{c_A(2)}{c_A(1)}\right)} \tag{2-16-3}$$

同理可求出 β、γ

$$\gamma=\frac{\lg\left(\frac{r_3}{r_1}\right)}{\lg\left(\frac{c_{H^+}(3)}{c_{H^+}(1)}\right)} \tag{2-16-4}$$

$$\beta=\frac{\lg\left(\frac{r_4}{r_1}\right)}{\lg\left(\frac{c_{I_2}(4)}{c_{I_2}(1)}\right)} \tag{2-16-5}$$

由此可见，只需要做 4 次实验，就可以求得 CH_3COCH_3、I_2、H^+ 的分级数 α、β、γ。

由于反应并不停留在丙酮的一元碘代阶段，会进一步发生多元碘代，所以采用初始速率法，测试开始反应一段时间的反应速率。

由于本实验酸浓度较低，事实上丙酮的碘化反应对碘是零级的，即 $\beta=0$。如果反应物碘是少量的，而丙酮与酸是过量的，那么反应速率可视为常数，直到碘全部消耗。这是因为当碘完全反应完毕时，丙酮和酸的浓度基本保持不变。在这种情况下，反应速率与碘的浓度无关，因而直到全部碘消耗完毕以前，速度是常数。即

$$r=-\frac{\mathrm{d}c_{I_2}}{\mathrm{d}t}=kc_A^{\alpha}c_{H^+}^{\gamma} \tag{2-16-6}$$

积分得

$$c_{I_2}=-rt+B \tag{2-16-7}$$

碘溶液在可见光区有吸收，而体系中的其他物质如盐酸、丙酮、碘化丙酮和氰化钾都在可见光区没有吸收，所以可以通过分光光度法测定碘对可见光的吸收，从而转化为碘溶液的浓度减小来跟踪反应的进程。

由朗伯-比尔定律可知，在某指定波长下，碘溶液对单色光的吸收符合下列关系式

$$A=-\lg T=-\lg\frac{I}{I_0}=k'lc_{I_2} \tag{2-16-8}$$

式中，A 为吸光度；T 为透光率；I 为某指定波长的光透过碘溶液后的光强度；I_0 为通过蒸馏水后的光强；l 为比色皿的光路强度；k'为摩尔吸光系数。

将式(2-16-7)代入式(2-16-8)中,可得

$$\lg T = k'lrt + B' \tag{2-16-9}$$

以 $\lg T$ 对时间 t 作图得一条直线,由直线的斜率 m 即可求出丙酮碘化反应的反应速率 r,如下式:

$$r = \frac{m}{k'l} \tag{2-16-10}$$

为了求得 $k'l$,根据(2-16-8)可以测定一系列已知浓度的碘溶液的透光率,以 $\lg T$ 对溶液浓度 c_{I_2} 作图得到工作曲线,直线斜率即为 $-k'l$。

由式(2-16-3)、式(2-16-4)分别求出 CH_3COCH_3、H^+ 的分级数后,结合浓度和反应速率数据后,利用式(2-16-1)就可以计算得到反应速率系数。

在保持 H^+ 不变的情况下,测得两个不同温度 T_1、T_2 下反应的速率常数 k_1、k_2,根据阿伦尼乌斯方程可求得反应的活化能 E_a。

$$\ln \frac{k_2}{k_1} = \frac{E_a}{R}\left(\frac{1}{T_1} - \frac{1}{T_2}\right) \tag{2-16-11}$$

二、仪器及试剂

722 型分光光度计 1 套,超级恒温槽 1 套,秒表 1 个,100 mL 碘瓶 1 个,50 mL 碘瓶 9 个,5 mL、25 mL 移液管各 3 支,10 mL 移液管 1 支。

HCl 标准溶液(1.00 mol/L),I_2 标准溶溶(0.010 mol/L),CH_3COCH_3 标准溶液(2.00 mol/L)。

三、实验步骤

1. 调温

调节超级恒温槽的温度为(25±0.1)℃,将盛有蒸馏水的碘瓶进行恒温 10 min 以上。

2. 调零

开启 722 型分光光度计,预热 5 min,进行零点调节,调节 722 型分光光度计的波长到 560 nm。

3. 调透光率

用恒温的蒸馏水淌洗比色皿(光径长度为 3.0 cm)3 次,装入恒温蒸馏水,用光量调节器将微计光点调到消光值为 0(透光率 100%)的位置上。

4. 测定不同 c_{I_2} 的透光率 T

用移液管分别吸取 2、4、6、8、10 mL 的碘标准溶液,注入已编号(5～9 号)的 5 个 50 mL 的碘瓶中,用蒸馏水稀释至刻度,充分混合后放入恒温槽中恒温。先用 5 号碘瓶中的碘溶液洗涤比色皿 3 次,再用该溶液将比色皿注满,测量透光率。重复测定 3 次,取其平均值。同法一次测量 6、7、8、9 号碘瓶中的溶液透光率。每次测定前必须用蒸馏水校正透光率,使之处于“100”。

5. 测定不同反应体系的 $T-t$ 数据

取 4 个(编号为 1～4 号)洁净、干燥的 50 mL 碘瓶,用移液管按表 2-16-1 的用量,依次移取碘标准溶液、HCl 标准溶液和蒸馏水,塞好瓶塞,将其充分混合。另取一个洁净、干燥的 100 mL 碘瓶,注入 CH_3COCH_3(2.00 mol/L)标准溶液约 60 mL,然后将它们一起置于恒温槽中恒温 10 min。取出 1 号碘瓶,用移液管加入恒温的 CH_3COCH_3 标准溶液 10 mL,迅

速摇匀，用此溶液淌洗比色皿 3 次后注满该溶液，同时按下秒表开始计时测定其透光率。每隔 1 min 读一次透光率，直到取得 10～12 个数据为止。用同样的方法分别测定 2、3、4 号溶液在不同反应时刻的透光率。每次测定之前，用蒸馏水将透光率校正至“100”刻度处。

表 2-16-1　　反应物的用量配比

碘瓶	I_2 标准溶液/mL	HCl 标准溶液/mL	蒸馏水/mL	CH_3COCH_3 标准溶液/mL
1	10	5	20	15
2	10	10	15	15
3	10	5	25	10
4	5	5	30	10

6. 调节恒温槽温度

将恒温槽的温度调节为(35±0.1)℃，重复上述步骤 3～5，测定另一温度下实验数据。

【注意】

(1) 反应要在恒温下进行，各反应物在混合前必须恒温。

(2) 碘液见光易分解，所以从溶液配制到反应测定应选在阴暗处进行，且动作要迅速。

(3) 由于计算 k 时要用到丙酮和盐酸溶液的初始浓度，因此所用的丙酮及盐酸溶液需准确配制。

五、数据记录与处理

将实验所得的数据填入表 2-16-2 和表 2-16-3 中。

室温：__________；大气压：__________；恒温槽温度：__________。

表 2-16-2　　透光率与 c_{I_2} 关系实验数据

碘瓶编号		5	6	7	8	9
标准溶液 c_{I_2}/(mol/L)						
稀释后的 c_{I_2}/(mol/L)						
$\lg T$	1					
	2					
	3					
	平均值					

表 2-16-3　　透光率与时间关系实验数据

碘瓶编号	t/min											
	1	2	3	4	5	6	7	8	9	10	11	12
1												
2												
3												
4												

(1) 用表 2-16-2 中的数据，以 lg T 对碘溶液浓度 c_{I_2} 作图，求得直线的斜率 m，即为 $k'l$。

(2) 用表 2-16-3 的数据，分别以 lg T 对时间 t 作图，得 4 条直线，求出各直线的斜率 m_1、m_2、m_3、m_4；然后根据式(2-16-10)分别计算反应速率 r_1、r_2、r_3 和 r_4。

(3) 根据式(2-16-3)和式(2-16-4)，计算 CH_3COCH_3 和 H^+ 的分级数 α 和 γ。

(4) 参照表 2-16-1 的用量，分别计算 1、2、3 和 4 号碘瓶中 HCl 和 CH_3COCH_3 的初始浓度；再根据式(2-16-6)分别计算 4 种不同初始浓度的反应速率常数 k，并求其平均值，建立丙酮碘化反应的反应速率方程式。

(5) 将 25 ℃及 35 ℃时测得的 k 值，代入式(2-16-11)求出丙酮碘化反应的活化能 E_a。

六、思考题

(1) 在本实验中，CH_3COCH_3 溶液与 I_2、HCl 溶液一旦混合，反应即开始，而反应时间却在洗涤比色皿 3 次后并将反应注满比色皿中才开始计时，这样操作对实验结果有无影响？

(2) 影响本实验结果准确度的因素有哪些？

(3) 本实验中是否证明了此反应对碘为零级？

实验十七 黏度法测定液体的流动活化能

一、实验目的

(1) 了解液体黏度的意义及测定黏度的原理和方法；

(2) 用乌氏黏度计测定无水乙醇在不同温度下的黏度，求无水乙醇的流动活化能。

二、实验原理

任何液体都有黏滞性，其物理量值可用黏滞系数(简称黏度) η 表示。η 与组成该液体分子的大小、形状、分子间作用力等有关。测定黏度的方法主要有以下 3 种：

(1) 用毛细管黏度计测定液体经毛细管的流出时间；

(2) 用落球式黏度计测定圆球在液体中的下落速率；

(3) 用旋转黏度计测定液体对同心轴圆柱体相向转动的影响。

本实验用毛细管流出法测定黏度。毛细管黏度计有多种形式，如乌式黏度计、奥式黏度计等。本实验使用乌式黏度计。

在某温度下，令液体在毛细管内流动，可根据 Poiseuille 公式计算黏度

$$\eta = \frac{\pi p r^4 t}{8lV} \tag{2-17-1}$$

式中，V 是 t 时间内流过毛细管的液体体积；r 是毛细管半径；p 是毛细管两端的压力差；l 是毛细管长度。

测黏度时一般不直接测量上式中的各物理量，而是用同一黏度计在相同条件下分别测定待测液体和标准液体(本实验为纯水)流经毛细管的时间，用 Poiseuille 公式作比较，算出待测液体的黏度。对于两种液体，

$$\eta_1 = \frac{\pi r^4 p_1 t_1}{8lV}$$

$$\eta_2 = \frac{\pi r^4 p_2 t_2}{8lV}$$

两式相除得：

$$\frac{\eta_1}{\eta_2}=\frac{p_1t_1}{p_2t_2} \tag{2-17-2}$$

式中，η 为黏度；t 为流动时间；p 为毛细管两端的压力差。

对于乌式黏度计，$p=\rho gh$，式中 ρ 为液体密度，g 为重力加速度，h 为液面与毛细管末端的距离。在 t 时间内液面是逐渐下降的，因此 h 应为在 t 时间内液面与毛细管末端的“平均”距离（此处“平均”，确切地说是微积分所述之“中值”），对于不同的液体 h 大体相同。则上式变成

$$\frac{\eta_1}{\eta_2}=\frac{\rho_1t_1}{\rho_2t_2} \tag{2-17-3}$$

某温度下标准液体的 η_1 和 ρ_1 是已知的（例如纯水 35 ℃时 $\eta_1=0.074\ \text{Pa}\cdot\text{s}$，$\rho_1=994.1\ \text{kg/m}^3$），测得 t_1 和 t_2 并查得待测液体的密度 ρ_2，就可算出

$$\eta_2=\eta_1\frac{\rho_2t_2}{\rho_1t_1} \tag{2-17-4}$$

温度变化使分子间作用力发生改变，黏度也有变化，黏度与温度的关系为

$$\eta=A\exp\left(\frac{E_{vis}}{RT}\right) \quad 或 \quad \ln\eta=\ln A+\frac{E_{vis}}{RT} \tag{2-17-5}$$

式中，E_{vis} 称为液体的流动活化能。以 $\ln\eta$ 对 $\frac{1}{T}$ 作图，得一直线，由直线斜率 S 可得

$$E_{vis}=RS$$

三、仪器与试剂

恒温槽 1 套，乌式黏度计 1 支，洗耳球 1 个，秒表 1 块，三角烧杯 1 个。

无水乙醇(AR)。

四、实验步骤

(1) 调节恒温槽温度至(25.0±0.1)℃，此处“±0.1”指明恒温 25 ℃时的灵敏度。

(2) 测定 25 ℃时无水乙醇流经乌式黏度计毛细管的时间。

取乌氏黏度计（见图 2-17-1）1 支，在 B、C 管上端套上乳胶管，从 A 管注入无水乙醇至 D 球下方，使乙醇接近支管 C 的下口（但不堵死下口）。浸入恒温槽中竖直固定，恒温 5～7 min 后进行测定。用夹子夹紧 C 管上的乳胶管，用吸耳球从 B 管之乳胶管吸气，将乙醇从 D 球、毛细管、E 球抽至 G 球。夹紧 B 管之乳胶管，解去 C 管夹子，此时 D 球内部分乙醇流回 F 球，D 球经 C 管与大气相通，毛细管末端即通大气。解去 B 管夹子，B 管内乙醇下落，当液面流经刻度 a 时启动秒表计时，当液面降到刻度 b 时计时终止，这段时间就是 ab 间体积 V 的乙醇流经毛细管的时间 t_2。重复操作 2～3 次，每次相差不超过 5 s，取平均值。

图 2-17-1　乌氏黏度计

(3) 升高温度 2～3 ℃，同步骤(2)，测定该温度下乙醇流经毛细管的时间，要求最后一个温度为 35 ℃。

(4) 将黏度计中的乙醇倒入回收瓶中，滴干，然后在烘箱中烘干。在同一黏度计中装入纯水，放入(35.0±0.1) ℃恒温槽中，同

前法测定流经毛细管的时间 t_1。

【注意】

(1) 实验时黏度计必须铅直放置。

(2) 用吸耳球吸取液体时，液体中不得混入气泡，否则应待气泡排尽才能实验。

(3) 操作时如果要接触B管或C管应特别小心。因B管或C管有较长之力臂，用力虽小但形成的力矩较大，易在管间接口处折断。

五、数据记录与处理

(1) 列出数据处理表，计算无水乙醇的黏度。

无水乙醇实验数据记录表

T/K				
t_2				
t_1				
η_2				

(2) 作图求出直线斜率，计算无水乙醇的流动活化能，与文献值比较求相对误差。

六、思考题

(1) 乌氏黏度计在使用时为何必须烘干？

(2) 是否可用两支黏度计分别测得待测液体和参比液体的流经时间？

界面与胶体化学实验

实验十八 最大泡压法测定溶液的表面张力

一、实验目的

(1) 了解表面张力、表面自由能的定义以及表面张力与吸附的关系；

(2) 用最大泡压法测定不同浓度的乙醇水溶液的表面张力，掌握最大泡压法的测定原理和操作技术；

(3) 熟悉吉布斯吸附等温式，并利用其计算表面吸附量和乙醇分子的横截面积。

二、实验原理

1. 表面张力和比表面能

表面张力为物质的一种特性，对液体尤为显著和重要。对于液体，其表面层分子均受到一个垂直于液面的、指向液体内部的净的拉力(净吸力)。由于表面分子受到净拉力，液体表面就如同一层绷紧了的富于弹性的橡皮膜，即表面上存在一种使液面张紧的力(紧缩力)，这种力就是表面张力。表面张力与净吸力相互垂直，与曲面相切，与平面平行，用符号 γ 表示，单位为 N/m。

从热力学观点来看，液体表面的缩小为一自发过程，也就是使体系总的自由能减少的过程。如欲使液体产生新的表面，就需对其做功；在恒温恒压下，可逆非体积功等于系统的吉布斯函数变，即

$$\delta W_r{}' = \mathrm{d}G_{T,p} = \gamma \mathrm{d}A_s \tag{2-18-1}$$

所以，γ 又等于系统每增加单位面积时所增加的吉布斯函数，称为比表面吉布斯函数，或比表面能，单位为 $\mathrm{J/m^2}$。

2. 溶液的表面吸附

纯液体表面层的组成与内部相同，而溶液却不然。在纯溶剂中加入溶质后，溶剂的表面张力发生变化，根据能量最低原理，当溶质能降低溶剂的表面张力时，表面层中溶质的浓度比溶液内部的大；反之，当溶质使溶剂的表面张力升高时，它在表面层中的浓度比在内部的浓度低。这种表面浓度与溶液内部浓度不同的现象称为溶液的表面吸附。显然，在指定的温度和压力下，溶质的吸附量与溶液的表面张力及溶液的浓度有关，用热力学方法可推导出它们之间的关系遵守吉布斯吸附等温式，即

$$\Gamma = -\frac{c}{RT}\left(\frac{\mathrm{d}\gamma}{\mathrm{d}c}\right)_T \tag{2-18-2}$$

式中，Γ 为吸附量，单位为 $\mathrm{mol/m^2}$；γ 为表面张力，单位为 $\mathrm{N/m}$；T 为温度，单位为 K；c 为溶液浓度，单位为 mol/L；R 为摩尔气体常数。

当 $\left(\frac{\mathrm{d}\gamma}{\mathrm{d}c}\right)_T < 0$ 时，$\Gamma > 0$ 时，称为正吸附；当 $\left(\frac{\mathrm{d}\gamma}{\mathrm{d}c}\right)_T > 0$ 时，$\Gamma < 0$，称为负吸附。

在一定温度和压力下，测定一系列不同浓度溶液的表面张力，即可绘制 γ-c 关系曲线。利用 Origin 或 Excel 软件，对实验数据进行非线性回归求得 γ 与 c 的关系式，进而得到指定浓度下的 $\mathrm{d}\gamma/\mathrm{d}c$ 值；再由式(2-18-2)计算出不同浓度下的吸附量，以 Γ 对 c 作图得吸附等温线。

将一些物质加入溶剂中能降低溶剂的表面张力，这类物质被称为表面活性物质；其中，能显著降低液体表面张力的物质称为表面活性剂。在一般情况下，表面活性物质的 Γ 与 c 的关系可用与 Langmuir 等温式相似的经验公式来表示，即

$$\Gamma = \Gamma_{\mathrm{m}} \frac{kc}{1+kc} \tag{2-18-3}$$

式中，k 为经验常数，与溶质的表面活性大小有关；Γ_{m} 为饱和吸附量，可近似看作是在单位表面上定向排列呈单分子层吸附时溶质的物质的量。

将式(2-18-3)变形可写为

$$\frac{c}{\Gamma} = \frac{c}{\Gamma_{\mathrm{m}}} + \frac{1}{k\Gamma_{\mathrm{m}}} \tag{2-18-4}$$

以 c/Γ 对 c 作图可得到一条直线，由直线斜率可得到 Γ_{m}。若被吸附的溶质分子的横截面积为 a_{m}，则有

$$a_{\mathrm{m}} = \frac{1}{\Gamma_{\mathrm{m}} L} \tag{2-18-5}$$

式中，L 为阿伏加德罗常数。

3. 最大泡压法的测定原理

将一毛细管垂直浸入液体表面时，若毛细管内空气压力比液面上压力大，则在毛细管底部能形成空气泡(见图 2-18-1)。当这两个压力之差，即附加压力(Δp)大到足以克服气泡的表面张力时，空气泡将脱离毛细管底部而逸出。附加压力与表面张力成正比，与气泡的曲率半径成反比，其关系式为

$$\Delta p = \frac{2\gamma}{R} \tag{2-18-6}$$

式中，Δp 为附加压力；γ 为表面张力；R 为气泡曲率半径。

如果毛细管半径很小，则形成的气泡基本上是球形的。当气泡开始形成时，表面几乎是平的，这时曲率半径最大；随着气泡的形成，曲率半径逐渐变小，直到形成半球形，此时曲率半径 R 与毛细管半径 r 相等，曲率半径达最小，根据式(2-18-6)知，这时附加压力达最大值。此后，气泡进一步长大，R 也变大，附加压力则变小，气泡离开管口从液体内部逸出。

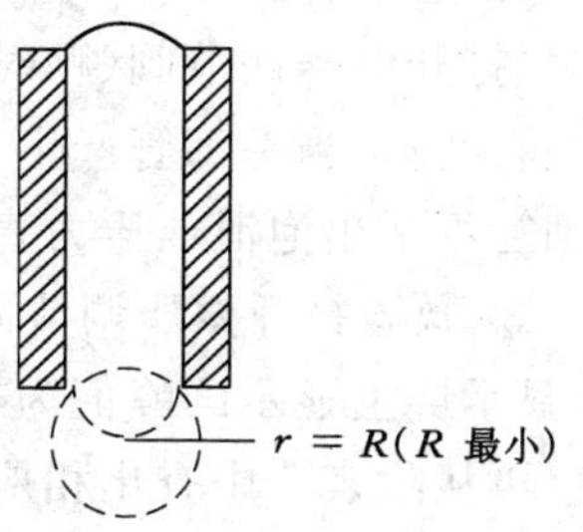

图 2-18-1　最大气泡示意图

当 $R=r$ 时气泡内外压力差最大。若毛细管端口刚好与液面相切，则最大压力差即为附加压力

$$\Delta p_{\mathrm{m}} = \frac{2\gamma}{r} \tag{2-18-7}$$

若毛细管插入液体中一定深度 h，则最大压差为

$$\Delta p_{\mathrm{m}} = \frac{2\gamma}{r} + \rho g h$$

在实际测量时，使毛细管端刚与液面接触，则可忽略鼓泡所需克服的静压力，这样就可以直接用式(2-18-7)进行计算。

最大压差可以通过数字式微压差测量仪测得，但毛细管半径不易准确测定，因此，通常是用已知表面张力的液体做参考液体（一般为水），来求待测液体的表面张力。

将 $\frac{r}{2}$ 合并为常数 K，则式(2-18-7)可变为

$$\gamma = K\Delta p_{\mathrm{m}} \tag{2-18-8}$$

式中的仪器常数 K 可用已知表面张力的标准物质测得（本实验用蒸馏水）。

三、仪器与试剂

DP-AW-Ⅱ表面张力实验装置 1 套。

无水乙醇，蒸馏水。

四、实验步骤

(1) 玻璃仪器的清洗

实验前将毛细管、样品管及所有要用的玻璃仪器洗净备用。

(2) 配制溶液

分别配制乙醇体积分数约为 5%、10%、15%、20%、25%、30%、35%、40%的乙醇水溶液各 25 mL 待用。

(3) 调节恒温槽至指定温度

将仪器接通电源，开启仪器开关。在置数状态设置水浴温度至 25 ℃或 30 ℃，设置完成后仪器切换到加热状态，水浴开始加热。

(4) 仪器常数 K 的测定

① 将毛细管和样品管用蒸馏水清洗三次，向样品管中加入适量蒸馏水，将样品管活塞放入样品管中，并将毛细管调节螺栓旋到样品管活塞中（旋入一半即可），然后将毛细管插入

样品管中，旋转毛细管调节螺栓，使毛细管管口刚好与液面相切。微压调节阀顺时针旋紧，恒温 5 min 后，按采零键(注意：实验过程中只调一次零)。

② 把毛细管上端的活塞塞上(注：为防止系统漏气，毛细管活塞应涂上少量凡士林)。此时，打开微压调节阀(顺时针旋为关闭，逆时针旋为打开)，使压力计上显示的数值以 10 个字左右变化，当毛细管产生气泡时，关闭微压调节阀。由于内部存储包压力较高，压力通过毛细管不断出泡泄放压力直至毛细管不出泡为止，此时压力数值基本稳定，表示不漏气。

③ 微微打开微压调节阀，使压力计显示数值逐个增加，使气泡由毛细管尖端成单泡逸出，显示屏上显示的峰值为被测值，读数三次，取平均值。

再从附表 8 中查出相应温度下纯水的表面张力 γ_{H_2O} 并代入式(2-18-8)，就可以计算出仪器常数 K。

(5) 溶液表面张力的测定

将样品管中的水倒掉，按照步骤(4)的方法，由稀到浓依次测定不同浓度乙醇水溶液的最大压差值。

(6) 实验完毕，将毛细管上端的活塞取出，关掉电源，洗净玻璃仪器。

【注意】

(1) 本装置微压调节阀非常精密和灵敏，调节时要缓慢，不可大幅度调节。

(2) 起始出泡峰值可能不太稳定；由于是微压测量，管路稍有晃动会影响系统压力。

(3) 管路里不能有异物和液体，必须清洁干燥。

五、数据记录与处理

(1) 将实验结果填入表中。

室温：________；大气压：________；实验温度：________

乙醇浓度 $c/(\mathrm{mol/L})$	最大压差/Pa			
	1	2	3	平均值

(2) 数据处理

将计算结果列于表中。

乙醇浓度 $c/(\mathrm{mol/L})$	最大压差平均值/Pa	表面张力 $\gamma/(\mathrm{N/m})$	$\left(\frac{\mathrm{d}\gamma}{\mathrm{d}c}\right)_T$	等温吸附量 $\Gamma/(\mathrm{mol/m^2})$

① 计算仪器常数 K；

② 计算各种浓度时乙醇溶液的表面张力 γ；

③ 根据计算的数据做出乙醇溶液的 γ-c 关系图；

④ 计算不同浓度对应的 $\left(\frac{d\gamma}{dc}\right)_T$；

⑤ 根据吉布斯吸附等温式，求算各浓度时的吸附量，并画出吸附量与浓度的关系图；

⑥ 以 c/Γ 对 c 作图，求出饱和吸附量 Γ_m，并计算乙醇分子的横截面积。

六、思考题

(1) 如果将毛细管末端插入溶液内部进行测量可行吗？为什么？

(2) 实验中为什么要读取最大压力差？

(3) 如果玻璃仪器没有洗干净，对测量数据有何影响？

(4) 如果在实验过程中不小心将毛细管打破，换另一根毛细管继续进行实验，是否可行？为什么？

实验十九 活性炭在溶液中的吸附

一、实验目的

(1) 了解固体在溶液中吸附的一般概念；

(2) 测定活性炭在水溶液中吸附醋酸的等温线，验证 Freundlich 方程和 Langmuir 方程对此体系的适用性。

二、实验原理

当一溶液与不溶性固体接触时，固体表面上溶液的成分常与体相溶液中的不同，即在固-液界面发生了吸附作用。由于溶液中各组分被固体吸附的程度不同，故吸附前后溶液各组分的浓度将发生变化，根据这种变化可计算出吸附量。这样求出的吸附量未考虑溶剂吸附对溶液浓度的影响，故称为表观吸附量。对于稀溶液，表观吸附量与真实吸附量相近，表观吸附量的计算公式如下：

$$\Gamma = \frac{V(c_0 - c)}{m} \tag{2-19-1}$$

式中，V 为所用溶液的体积；c_0 为吸附前溶液的浓度；c 为吸附平衡后溶液的浓度；m 为吸附剂的质量。

测定溶液浓度的方法很多，如：滴定法、比色法、色谱法、光度法等，具体使用何种方法，要根据研究体系的特点而定。本实验采用滴定法测定乙酸的浓度。

在一定温度下，描述吸附量 Γ 与吸附平衡浓度 c 的关系式称为吸附等温式。固体自稀溶液中吸附的等温线常可用固气吸附的等温式(Langmuir 或 Freundlich)来描述，其中 Freundlich 公式在溶液中吸附的应用通常比在气相中吸附的应用更为广泛。

Freundlich 公式可表示为：

$$\Gamma = kc^n \tag{2-19-2}$$

式中，k、n 是与温度、吸附质、吸附剂和溶剂性质有关的常数。一般来说，k 随温度升高而降低；n 的数值在 0 与 1 之间，它的大小反映出浓度对吸附量影响的强弱。式(2-19-2)也可写为：

$$\lg \Gamma = n\lg c + \lg k \tag{2-19-3}$$

若吸附结果服从 Freundlich 方程，则以 $\lg \Gamma$ 对 $\lg c$ 作图可得一直线，由直线斜率和截距可求出常数 n 和 k。

三、仪器与试剂

振荡器 1 台，125 mL 磨口细口瓶 6 个，锥形瓶 6 个，25 mL 酸碱滴定管各 1 支，25 mL 移液管 1 支，5 mL、10 mL 刻度移液管各 1 支。

0.40 mol/L 醋酸标准溶液，0.10 mol/L NaOH 标准溶液，活性炭(20～40 网目，比表面 300～400 m^2/g)。

四、实验步骤

(1) 溶液配制：在 6 个干燥的 125 mL 磨口细口瓶中，按记录表格所规定的浓度配制 50 mL 醋酸溶液，注意随时盖好瓶塞，以防醋酸挥发。

(2) 在天平上称取 1 g(准确到 0.001 g)活性炭(120 ℃下烘干)放于磨口细口瓶中，盖好瓶塞，在振荡机上震荡 0.5 h。

(3) 吸附平衡后，按表中规定的体积取液(取液时要防止活性炭颗粒吸入移液管内)，并分别加入 1～2 滴酚酞指示剂，用 0.10 mol/L NaOH 溶液滴定。

(4) 活性炭吸附醋酸是可逆吸附，使用过的活性炭，用蒸馏水浸洗数次，烘干后可重复使用。

五、数据记录与处理

室温：________；大气压：________；实验温度：________

序号	1	2	3	4	5	6
0.4 mol/L 醋酸/mL	50	25	15	7.5	4	2
水/mL	0	25	35	42.5	46	48
醋酸初始浓度 c_0/(mol/L)						
活性炭用量 m/g						
取液量/mL	5	10	15	20	25	25
滴定耗碱量/mL						
醋酸平衡浓度 c/(mol/L)						
Γ/(mol/g)						
$\lg \Gamma$						
$\lg c$						

(1) 由平衡浓度 c 及初始浓度 c_0 计算吸附量；

(2) 以 Γ 对 c 作图得吸附等温线；

(3) 以 $\lg \Gamma$ 对 $\lg c$ 作图，检验 Freundlich 公式对本实验体系的适用性。

六、思考题

(1) 活性炭作为优良吸附剂的主要原因是什么？

(2) 吸附作用与哪些因素有关？固体吸附剂吸附气体与从溶液中吸附溶质有何不同？

(3) 如何加快吸附平衡的到达？如何判断平衡已经到达？

实验二十　电导率法测定水溶性表面活性剂的临界胶束浓度

一、实验目的

(1) 了解表面活性剂的性质和胶束形成的原理；

(2) 掌握用电导率法测定表面活性剂临界胶束浓度的原理。

二、实验原理

表面活性剂是指加入少量即可显著降低液体表面张力的一类物质，其结构特征是分子中同时含有亲油的非极性基团和亲水的极性基团，即表面活性剂分子是一种两亲分子，具有既亲水又亲油的两亲性质。亲油基团的差别主要表现在碳氢链的结构变化上，差别较小；而亲水部分的基团则种类繁多、各式各样。所以，表面活性剂的性质差异，除与碳氢基的大小、形状有关外，主要还与亲水基团的不同有关。亲水基团的结构变化远大于亲油基团，因而表面活性剂的分类，一般也以亲水基团的结构为依据。根据亲水基团的离子性或非离子性，表面活性剂可分为阴离子表面活性剂、阳离子表面活性剂、非离子表面活性剂以及两性表面活性剂等。

当表面活性剂溶液的浓度很稀时，溶液中的表面活性剂分子呈分散状态，表面上分子的状态是亲水基团留在水中，亲油基团伸向空气。由于表面活性剂分子在溶液表面上的吸附，溶液的表面张力随着表面活性剂浓度的增加而急剧下降。但当浓度超过某一定值后，表面上的表面活性剂分子达到饱和吸附状态，溶液中的表面活性剂分子的亲油基团相互靠拢在一起而形成胶束，以减少亲油基团与水的接触面积；此时，溶液的表面张力不再随着表面活性剂浓度的增加而下降，这时的浓度称为临界胶束浓度，以 CMC（critical micelle concentration）表示。随着表面活性剂浓度的增加，胶束形状也随着改变，由球状胶束可能转变成棒状胶束，以至层状胶束。在 CMC 点上，由于溶液的结构发生变化，导致其物理化学性质（表面张力、电导率、渗透压、浊度、光学性质等）发生变化，如图 2-20-1 所示，这个现象是测定 CMC 的实验依据，也是表面活性剂的一个重要性质。实验表明，CMC 不是一个确定的数值，而常表现为一个窄的浓度范围。

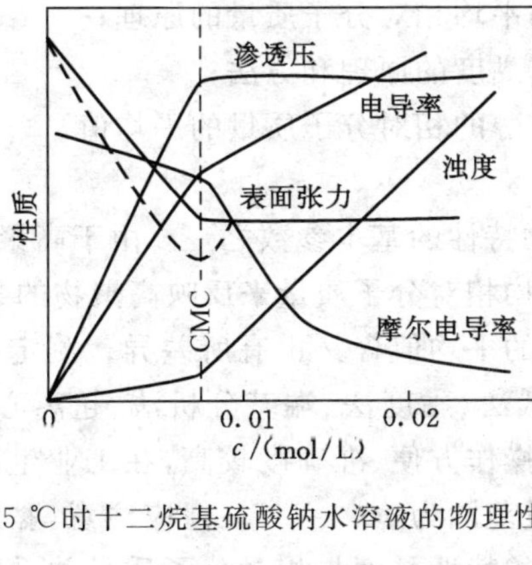

图 2-20-1　25 ℃时十二烷基硫酸钠水溶液的物理性质和浓度的关系图

本实验利用电导率仪测定不同浓度十二烷基硫酸钠水溶液的电导率，根据电导率-浓度关系曲线的转折点可求出十二烷基硫酸钠的 CMC 值。

三、仪器与试剂

CD400型台式电导率仪、E2211T型塑料壳电导电极、恒温水浴，100 mL容量瓶1个，50 mL容量瓶12个。

氯化钾(AR)，十二烷基硫酸钠(AR)，电导水。

四、实验步骤

(1) 称80 ℃烘干3 h的十二烷基硫酸钠，用电导水或二次蒸馏水配制0.002 mol/L、0.004 mol/L、0.006 mol/L、0.007 mol/L、0.008 mol/L、0.009 mol/L、0.010 mol/L、0.012 mol/L、0.014 mol/L、0.016 mol/L、0.018 mol/L、0.020 mol/L的十二烷基硫酸钠溶液各50 mL。

(2) 调节恒温水浴温度至25 ℃或其他指定温度。

(3) 用电导率仪测定十二烷基硫酸钠溶液的电导率，每个溶液测定时必须恒温10 min，每个样品读数3次，取平均值。

(4) 列表记录各溶液对应的电导率。

(5) 实验结束后，洗净电导电极，并测定水的电导率。

五、数据记录与处理

(1) 将各溶液对应的电导率换算成摩尔电导率。

(2) 作电导率或摩尔电导率与浓度的关系图，由图中的转折点求出临界胶束浓度CMC。

六、思考题

(1) 电导率法是否可以测定其他类型表面活性剂的CMC？

(2) 电导率法测定CMC的准确度是否与临界胶束浓度有关？

(3) 影响临界胶束浓度的因素有哪些？

实验二十一　黏度法测定高聚物的相对分子质量

一、实验目的

(1) 掌握黏度法测定高聚物平均相对分子质量的原理；

(2) 理解用乌氏黏度计测定黏度的原理和方法；

(3) 测定线型高聚物聚乙二醇的相对分子质量的平均值。

二、实验原理

相对分子质量是表征化合物特性的基本参数之一。由于高聚物的相对分子质量大小是不均一的，所以常用高聚物的平均相对分子质量来反映高聚物的某些特性；可是平均相对分子质量的测定方法不同，所得到的平均值含义也有所差异。测定高聚物相对分子质量的方法很多，如渗透压法、凝固点降低法、黏度法、端基分析法、超离心沉降及扩散法、光散射法等，其中，黏度法因其设备简单、操作方便、准确度较高，在工业生产和科学研究中被广泛应用。黏度法可测的相对分子质量范围为10^4～10^7。但应注意，黏度法不是测定相对分子质量的绝对方法，因为此法中所用的特性黏度与相对分子质量关系的经验方程式以及经验方程式中的有关常数是需用其他方法来确定的；不同高聚物、不同溶剂、不同相对分子质量范围，就要用不同的经验方程式。

黏度是液体流动时所表现出来的内摩擦。因溶剂分子间的内摩擦表现出来的黏度叫纯溶剂黏度。高聚物溶液的黏度是高聚物分子之间、高聚物与溶剂分子之间、溶剂分子之间内摩擦的总和。

在同一温度下，高聚物溶液的黏度 η 一般都比纯溶剂的黏度 η_0 大得多，黏度增加的分数叫作增比黏度 η_{sp}，即

$$\eta_{sp}=\frac{\eta-\eta_0}{\eta_0}=\frac{\eta}{\eta_0}-1=\eta_r-1 \tag{2-21-1}$$

式中，$\eta_r=\frac{\eta}{\eta_0}$ 称为相对黏度，它表示溶液黏度对溶剂黏度的相对值；η_{sp} 则表示扣除了溶剂分子之间的内摩擦效应。

对于高聚物溶液，增比黏度 η_{sp} 一般随溶液的浓度增加而增加，为了便于比较，将单位浓度下所显示出的增比黏度称为比浓黏度，用 $\frac{\eta_{sp}}{c}$ 表示，而 $\frac{\ln\eta_r}{c}$ 称为比浓对数黏度。由于 η_r、η_{sp} 是无因次量，因此 $\frac{\eta_{sp}}{c}$ 和 $\frac{\ln\eta_r}{c}$ 的单位由浓度单位确定。当溶液无限稀释时，高聚物分子之间相距很远，其内摩擦效应可忽略不计，溶液所呈现出的黏度基本上反映了高聚物分子与溶剂分子之间的内摩擦。从图 2-21-1 可见，当浓度 c 趋近零时，比浓黏度和比浓对数黏度趋近一固定极限值，即

$$\lim_{c\to 0}\frac{\eta_{sp}}{c}=[\eta] \tag{2-21-2}$$

$[\eta]$ 主要反映了高聚物分子与溶剂分子之间的内摩擦作用，称为特性黏度，其值与浓度无关，而与高聚物的特性有关，可通过实验测定。根据实验，在足够稀的溶液中有

$$\frac{\eta_{sp}}{c}=[\eta]+k[\eta]^2c \tag{2-21-3}$$

$$\frac{\ln\eta_r}{c}=[\eta]-\beta[\eta]^2c \tag{2-21-4}$$

这样 $\frac{\eta_{sp}}{c}$ 和 $\frac{\ln\eta_r}{c}$ 对 c 作图得两条直线，在纵坐标上相交于同一点即可求出 $[\eta]$ 数值。$[\eta]$ 的单位是浓度单位的倒数，其数值与高聚物相对平均分子质量有关，常用半经验关系 Mark-Houwink 方程式表示：

$$[\eta]=K\overline{M}^{\alpha} \tag{2-21-5}$$

式中，$\overline{M}$ 为高聚物相对平均分子质量；K 为比例常数；α 为与高聚物在溶液中的形态有关的经验参数，α 值一般在 0.5～1.7 之间。K 和 α 是与温度、高聚物及溶剂的性质有关的常数，它们的数值一般通过其他的实验方法测得，表 2-21-1 为聚乙二醇水溶液在不同温度下的 K 和 α 值。

表 2-21-1　　聚乙二醇水溶液在不同温度下的 K 和 α

T/℃	$K\times10^3$/(mL/g)	α	
25	156	0.50	EG *
30	43.9	0.678	EG *
35	16.6	0.82	EG *

注：* 端基分析法

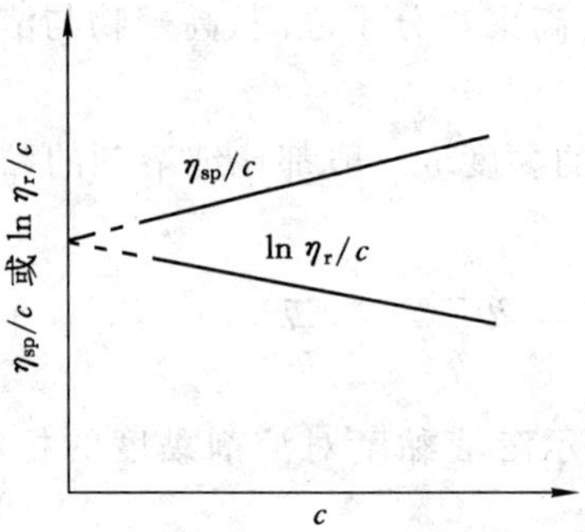

图 2-21-1　外推法求[η]图

测定黏度的方法主要有毛细管法、落球法和旋转法。在测定高聚物溶液的特性黏度[η]时，以毛细管法最方便。当液体在毛细管黏度计内流动时，如果促使液体流动的力全部用以克服液体的内摩擦而没有别的能量损耗，则液体的黏度 η 遵守 Poiseuille 公式，即

$$\eta = \frac{\pi p r^4 t}{8lV} = \frac{\pi h\rho g r^4 t}{8lV} \qquad (2\text{-}21\text{-}6)$$

式中，l 为毛细管的长度；r 为毛细管的半径；t 为流出时间；V 为时间 t 内液体流过毛细管的体积；p 为毛细管两端的压力差；ρ 为液体的密度；h 为毛细管两端的高度差；g 为重力加速度。

用同一黏度计在相同条件下测定溶液和溶剂的流出时间 t 和 t_0，假定溶液的密度和溶剂的密度近似相等，则有：

$$\eta_r = \frac{\eta}{\eta_0} = \frac{t}{t_0} \qquad (2\text{-}21\text{-}7)$$

式中，t 为溶液的流出时间；t_0为溶剂的流出时间。

由此可见，由黏度法测定高聚物相对分子质量的直接测量值是 t 和 t_0，因此实验的成败和准确度由测量液体所流经的时间、配制溶液浓度的准确度、恒温槽的恒温程度、安置黏度计的垂直程度以及外界的震动等因素所决定。

三、仪器与试剂

恒温槽 1 套，乌氏黏度计 1 支，带塞锥形瓶(50 mL)2 只，洗耳球 1 只，移液管 5 mL 1 支、10 mL 2 支，细乳胶管 2 根，弹簧夹 2 个，容量瓶(25 mL)1 只，停表(0.1 s)1 只。

聚乙二醇(AR)。

四、实验步骤

(1) 将恒温槽调至(25.0±0.1)℃。

(2) 配制高聚物溶液。称取聚乙二醇 1 g (称准至 0.001 g)，在 25 mL 容量瓶中配成水溶液。配溶液时，要先加入溶剂至容量瓶的 2/3 处，待其全部溶解后恒温 10 min，再用同温度的蒸馏水稀释至刻度。

(3) 洗涤黏度计。先用热洗液(经砂芯漏斗过滤)浸泡，再用自来水、蒸馏水冲洗(经常使用的黏度计则用蒸馏水浸泡)，去除留在黏度计中的高聚物。黏度计的毛细管要反复用水冲洗。

(4) 测定溶剂流出时间 t_0。将黏度计(见图 2-17-1)垂直夹在恒温槽内，将 10 mL 纯溶

剂自 A 管注入黏度计内，恒温数分钟，夹紧 C 管上连接的乳胶管，同时在连接 B 管的乳胶管上接洗耳球慢慢抽气，待液体升至 G 球的一半左右即停止抽气，打开 C 管乳胶管上夹子使毛细管内液体同 D 球分开，用停表测定液面在 a、b 两线间移动所需时间。重复测定 3 次，每次相差不超过 0.2～0.3 s，取平均值。

(5) 测定溶液流出时间 t。取出黏度计，倒出溶剂，吹干。用移液管吸取 10 mL 已恒温的高聚物溶液，同上法测定流经时间。再用移液管加入 5 mL 已恒温的溶剂，用洗耳球从 C 管鼓气搅拌并将溶液慢慢地抽动上下流动数次使之混合均匀，再如上法测定流经时间。同样，依次加入 5 mL、10 mL、10 mL 溶剂，逐一测定溶液的流经时间。

(6) 实验结束后，将溶液倒入回收瓶内，用溶剂仔细冲洗黏度计 3 次，最后用溶剂浸泡，备用。

五、数据记录与处理

(1) 列表记录实验数据。

(2) 根据实验数据计算 η_r，η_{sp}，$\frac{\eta_{sp}}{c}$和$\frac{\ln \eta_r}{c}$。

(3) 以$\frac{\eta_{sp}}{c}$和$\frac{\ln \eta_r}{c}$对 c 作图，得到两条直线，外推至 $c=0$ 处，求出$[\eta]$。

(4) 由$[\eta]=K\overline{M}^{\alpha}$ 求出聚乙二醇的相对分子质量。

六、思考题

(1) 乌氏黏度计中的支管 C 有什么作用？能否去掉 C 管改为双管黏度计使用？为什么？

(2) 黏度计的毛细管太粗或太细有什么缺点？

(3) 黏度法测定高聚物相对分子质量的优点是什么？有什么局限性？

实验二十二　界面电泳法测定 $Fe(OH)_3$ 溶胶的电动电势

一、实验目的

(1) 掌握 $Fe(OH)_3$ 溶胶的制备及纯化方法；

(2) 掌握电泳法测定 $Fe(OH)_3$ 溶胶电动电势 ζ 的原理和方法；

(3) 明确求算 ζ 的公式中各物理量的意义。

二、实验原理

溶胶的制备方法可分为分散法和凝聚法。分散法是用适当方法把较大的物质颗粒变为胶体大小的质点；凝聚法是先制成难溶物的分子(或离子)的过饱和溶液，再使之相互结合成胶体粒子。本实验采用化学凝聚法制备 $Fe(OH)_3$ 溶胶。在不断搅拌下，将 $FeCl_3$ 稀溶液滴入沸腾的水中水解，即可生成棕红色、透明的 $Fe(OH)_3$ 溶胶。

不论是分散法还是凝聚法制备的溶胶，其中往往含有多余电解质或其他杂质，这会影响溶胶的稳定性，因此必须将初制的溶胶进行纯化。常用的纯化方法是半透膜渗析法。

溶胶是一种高度分散的非均相系统，分散相的固体粒子与分散介质间存在明显的相界面。由于固体本身的电离或对某些离子的选择性吸附，使胶粒的表面带有一定的电荷。在外电场的作用下，胶粒向异性电极定向移动，这种胶粒在分散介质中定向移动的现象称为电泳。当固液两相发生相对移动时，滑动面与溶液本体之间的电势差称为电动电势，用符号 ζ 表示。电动电势的大小直接影响胶粒在电场中的移动速度和溶胶的稳定性。

原则上，任何一种电动现象（电泳、电渗、流动电势和沉降电势）都可以用来测定溶胶的电动电势，但其中最方便的是用电泳现象来测定，即电泳法测定溶胶的电动电势。电泳法有宏观法和微观法之分，本实验采用宏观法来测定，也就是通过观察溶胶与另一种不含胶粒的导电液体的界面在电场中的移动速度来测定电动电势。电动电势 ζ 与胶粒的性质、介质成分及胶体的浓度有关。在指定条件下，ζ 的数值可根据亥姆霍兹方程式计算，即

$$\zeta = \frac{K\pi\eta u}{\varepsilon H} \tag{2-22-1}$$

式中，K 为与胶粒形状有关的常数[对于球形胶粒 $K=5.4\times10^{10}\ (V^2\cdot S^2)/(kg\cdot m)$，棒形胶粒 $K=3.6\times10^{10}\ (V^2\cdot S^2)/(kg\cdot m)$，在实验中均按棒形胶粒看待]；$\eta$ 为介质的黏度，Pa·s；u 为电泳速度，m/s；ε 为介质的介电常数，$\varepsilon=\varepsilon_r\varepsilon_0$，$\varepsilon_r$ 为分散介质的相对介电常数，ε_0 为真空介电常数，$\varepsilon_0=8.85\times10^{-12}$ F/m；H 为电位梯度，即单位长度上的电势差，$H=\frac{E}{L}$；E 为外电场在两极间的电势差，V；L 为两极间的距离，m。

对于一定溶胶而言，若固定 E 和 L 测得胶粒的电泳速度（$u=d/t$，d 为胶粒移动的距离，t 为通电时间），就可以求算出 ζ 电势。

三、仪器与试剂

DYJ 电泳实验装置 1 套（见图 2-22-1），电导率仪 1 台（公用），万用电炉 1 台，秒表 1 块，锥形瓶（250 mL）1 只，烧杯（800 mL、250 mL、100 mL）各 1 个，容量瓶（100 mL）1 只。

5% 火棉胶溶液，10% $FeCl_3$ 溶液，1% KCNS 溶液，1% $AgNO_3$ 溶液，0.1 mol/L KCl 溶液。

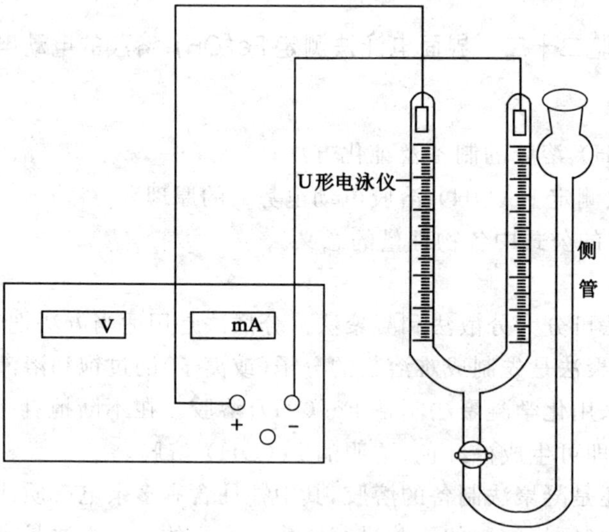

图 2-22-1　DYJ 电泳实验装置示意图

四、实验步骤

(1) 半透膜的制备

在一个内壁洁净、干燥的 250 mL 锥形瓶中，加入约 10 mL 火棉胶溶液，小心转动锥形

瓶，使火棉胶液黏附在锥形瓶内壁上形成均匀薄层，倾出多余的火棉胶于回收瓶中。此时锥形瓶仍须倒置，并不断旋转，待剩余的火棉胶流尽，使瓶中的乙醚蒸发至闻不出气味为止(此时用手轻触火棉胶膜，已不黏手)。然后再往瓶中注满水(若乙醚未蒸发完全，加水过早，则半透膜发白)，浸泡 10 min。倒出瓶中的水，小心用手分开膜与瓶壁之间隙。慢慢注水于夹层中，使膜脱离瓶壁，轻轻取出，在膜袋中注入水，观察有否漏洞，如有小漏洞，可将此洞周围擦干，用玻璃棒蘸少许火棉胶液补之。制好的半透膜不用时，要浸放在蒸馏水中。

(2) 水解法制备 $Fe(OH)_3$溶胶

在 250 mL 烧杯中加入 100 mL 蒸馏水，加热至沸，慢慢滴入 5 mL 10% $FeCl_3$溶液，并不断搅拌，加毕继续保持沸腾 5 min，即可得到红棕色的 $Fe(OH)_3$溶胶，冷却至室温。

(3) 用热渗析法纯化 $Fe(OH)_3$溶胶

将制得的 40 mL $Fe(OH)_3$溶胶注入半透膜内，用线拴住袋口，置于 800 mL 的清洁烧杯中，杯中加蒸馏水约 300 mL，维持温度在 60 ℃左右，进行渗析。每 30 min 换一次蒸馏水，2 h 后取出 1 mL 渗析水，分别用 1% $AgNO_3$及 1% KCNS 溶液检查是否存在 Cl^- 及 Fe^{3+}，如果仍存在，应继续换水渗析，直到检测不出为止。将纯化过的 $Fe(OH)_3$溶胶移入一清洁干燥的 100 mL 小烧杯中待用。

(4) 辅助液配制(KCl 溶液)

调节恒温槽温度为(25.0±0.1)°C，用电导率仪测定 $Fe(OH)_3$溶胶在 25 ℃时的电导率，用 0.1 mol/L KCl 溶液和蒸馏水配制与溶胶电导率相同的辅助液。

(5) 测定溶胶的电泳速度

① 用蒸馏水把电泳仪洗干净，然后取出活塞，烘干。在活塞上涂上一层薄薄的凡士林，凡士林最好离孔远一些，以免弄脏溶液。

② 关紧 U 形管下端的活塞，用滴管顺着侧管管壁加入 $Fe(OH)_3$溶胶(注意：若发现有气泡逸出，可慢慢旋开活塞放出气泡，但切勿使溶胶流过活塞，气泡放出后立即关闭活塞)。再从 U 形管的上口加入适量的辅助液(液面达到 U 形管刻度 0～1 cm 处)。

③ 缓慢打开活塞(动作过大会搅混液面，而导致实验重做)，使溶胶慢慢上升至适当高度，关闭活塞并记录液面的高度。轻轻将两个铂电极插入 U 形管的辅助液中。

④ 将高压数显稳压电源的细调节旋钮逆时针旋到底。

⑤ 按“＋”、“－”极性将输出线与负载相接，输出线枪式迭插座插入铂电极枪式迭插座尾。

⑥ 将电源线连接到后面板电源插座。

⑦ 按示意图接好线路，开启电源，点击按键“▲”进行升压，待接近所需电压(50 V)时，再顺时针调节细调旋钮，直至满足要求，记录电压数值，同时开始计时。每隔 10 min 记一次界面差，至溶胶的界面差为 1～2 cm 后，点击按键“▼”进行降压，直至数值显示为最小，再将细调节旋钮逆时针旋到底，然后关闭电源。记录溶胶界面移动的距离，用线测出两电极间的距离(注：不是水平距离，而是 U 形导电距离，此数值重复测量 5～6 次，计下其平均值 L)。

(6) 实验结束后，切断电源，拆除线路。将电泳管洗净烘干备用；电极浸在蒸馏水中待用。

五、数据记录与处理

(1) 记录实验数据，包括实验温度、大气压；电泳时间、电压、两电极间距离、电泳前后界面刻度、溶胶液面移动距离等。

(2) 根据实验数据计算 $Fe(OH)_3$溶胶的电动电势 ζ。

(3) 根据界面移动方向确定 $Fe(OH)_3$溶胶所带的电荷符号。

六、思考题

(1) 化学凝聚法制备 $Fe(OH)_3$溶胶的原理是什么？$Fe(OH)_3$胶粒带何种电荷取决于什么因素？

(2) 什么叫电泳？电泳速度与哪些因素有关？

(3) 选择和配制辅助液有何要求？

(4) 如果电泳仪事先没有洗净，管壁上残留有微量的电解质，对电动电势的测量结果将有什么影响？

第三章　综合及设计性实验

综合性实验

实验二十二　差热热重分析

一、实验目的

用差热分析测定 $CuSO_4 \cdot 5H_2O$ 在加热过程中发生变化的温度，并定性解释所得的差热谱图。用热天平测定 $CuSO_4 \cdot 5H_2O$ 的热失重曲线。

二、实验原理

1. *差热分析*

许多物质在加热或冷却过程中会发生熔化、凝固、晶型转变、分解、化合、吸附、脱附等物理化学变化。这些变化必将伴随有体系焓的改变，因而产生热效应。其表现为该物质与外界环境之间有温度差。选择一种对热稳定的物质作为参比物，将其与样品一起置于可按设定速度升温的电炉中。分别记录参比物的温度以及样品与参比物间的温度差。以温度差对温度作图就可得到一条差热分析曲线，或称差热谱图。可以说，差热分析就是在程序控制温度条件下分析被测物质和参比物之间温度差与温度关系的一种技术。从差热曲线可以获得有关热力学和热动力学方面的信息。结合其他测试手段，还有可能对物质的组成、结构或产生热效应的变化过程的机理进行深入研究。

有些差热分析测定采用双笔记录仪分别记录温度差和温度，而以时间作为横坐标。这样就得到 ΔT-t 和 T-t 两条曲线。图 3-23-1 为理想条件下的差热分析曲线。显然，通过温度曲线可以很容易地确定差热分析曲线上各点的对应温度值。

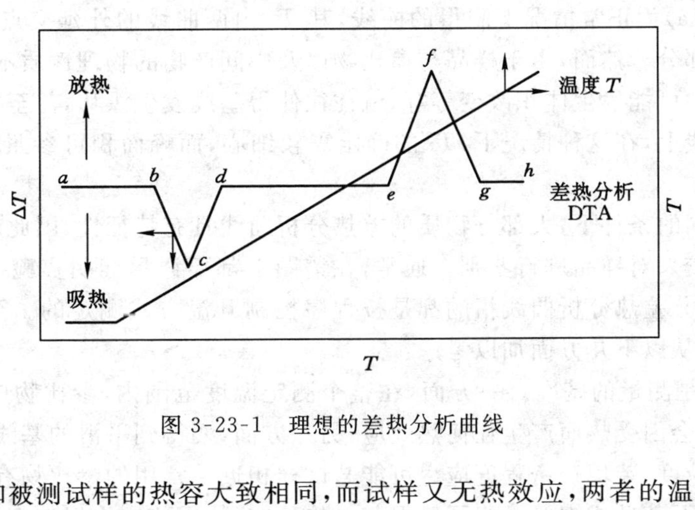

图 3-23-1　理想的差热分析曲线

如果参比物和被测试样的热容大致相同，而试样又无热效应，两者的温度基本相同，此时得到的是一条平滑的直线。图中的 ab—de—gh 段就表示这种状态，该直线称为基线。一旦试样发生变化因而产生了热效应，在差热分析曲线上就会有峰出现，如 bcd 或 efg 即是。热效应越大，峰的面积也就越大。在差热分析中通常还规定，峰顶向上的峰为放热峰，表示试样的焓变小于零，其温度将高于参比物；相反，峰顶向下的峰为吸热峰，表示试样的温度低于参比物。

2. 影响差热分析曲线的若干因素

一个热效应所对应的峰位置和方向反映了物质变化的本质；其宽度、高度和对称性，除与测定条件有关外，往往还取决于样品变化过程的各种动力学因素。实际上，一个峰的确切位置还受变温速率、样品量、粒度大小等因素影响。实验表明，峰的外推起始温度 T_e 比峰顶温度 T_p 所受影响要小得多，同时，它与其他方法求得的反应起始温度也较一致。因此，国际热分析会议决定，以 T_e 作为反应的起始温度，并可用以表征某一特定物质。T_e 的确定方法如图 3-23-2 所示。

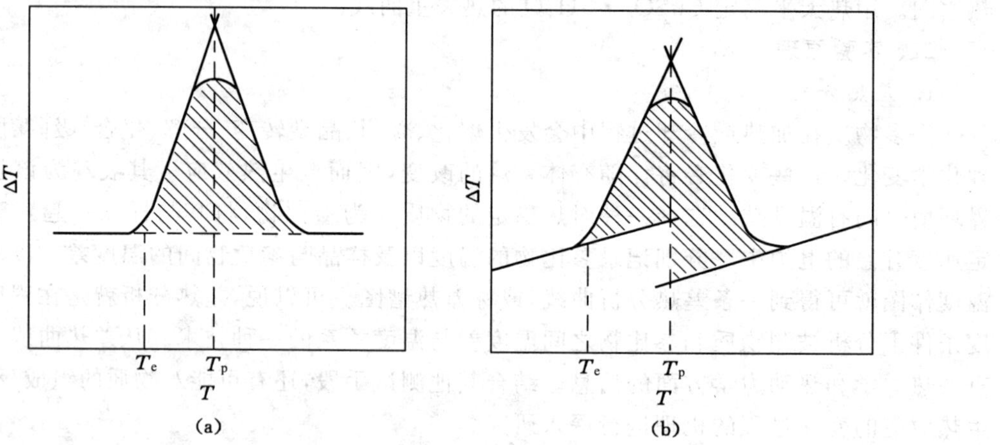

图 3-23-2　差热峰位置和面积的确定

(a) 正常曲线；(b) 基线漂移

图 3-23-2(a)为正常情况下测得的曲线，其 T_e 由两曲线的外延交点确定，峰面积为基线以上的阴影部分。然而，由于样品与参比物以及中间产物的物理性质不尽相同，再加上样品在测定过程中可能发生体积改变等等，就往往使得基线发生漂移，甚至一个峰的前后基线也不在一条直线上，在这种情况下，T_e 的确定需较细心，而峰面积可参照图 3-23-2(b)方法计算。

在完全相同的条件下，大部分物质的差热分析曲线具有特征性，因此就有可能通过与已知物谱图的比较来对样品进行鉴别。通常，在谱图上都要详尽标明实验操作条件。除特殊情况外，绝大部分差热分析曲线指的都是按程序控制升温方式测定的。至于具体实验条件的选择，一般可从以下几方面加以考虑：

① 参比物是测量的基准。一方面，在整个测定温度范围内，参比物应保持良好的热稳定性，它自身不会因受热而产生任何热效应；另一方面，要得到平滑的基线，选用参比物的热容、热导系数、粒度、装填疏密程度应尽可能与试样相近。常用的参比物有 α-三氧化二铝、煅烧过的氧化镁、石英砂或镍等。为了确保其对热稳定，使用前应先经较高温度灼烧。

② 升温速率对测定结果的影响十分明显。一般说来，速率过高时，基线漂移较明显，峰形比较尖锐，但分辨率较差，峰的位置会向高温方向偏移。通常升温速率为 2～20 ℃/min。

③ 差热分析结果也与样品所处气氛和压力有关。例如，碳酸钙、氧化银的分解温度分别受气氛中二氧化碳和氧气分压影响；液体或溶液的沸点或泡点更是直接与外界压力有关；某些样品或其热分解产物还可能与周围的气体进行反应。因此，应根据情况选择适当的气氛和压力。常用的气氛为空气、氮气或是将系统抽真空。

④ 样品的预处理及用量。一般非金属固体样品均应经过研磨，使成为 0.074 mm 左右的微细颗粒。这样可以减少死空间、改善导热条件。但过度研磨将有可能破坏晶体的晶格。样品用量与仪器灵敏度有关，过多的样品必须存在温度梯度，从而使峰形变宽，甚至导致相邻峰互相重叠而无法分辨；如果样品量过少，或易烧结，可掺入一定量的参比物。

3. 样品保持器和加热电炉

样品保持器是仪器的关键部件，可用陶瓷或金属块制成。图 3-23-3 为较常见的样品保持器和样品坩埚剖面图。保持器的上端有两个相互平衡的粗孔，可以容纳坩埚，也可直接装上样品和参比物。底部的细孔与上端两个粗孔的中心位置相通，用以插入热电偶。如果在整个测量过程中，样品不与热电偶作用，也不会在热电偶上烧结熔融，可不必使用坩埚而直接将其装入粗孔中。本实验则将热电偶插在样品中间的对称位置上，如图 3-23-3(c)所示。热电偶直接与样品接触，测定的灵敏度可以得到提高。

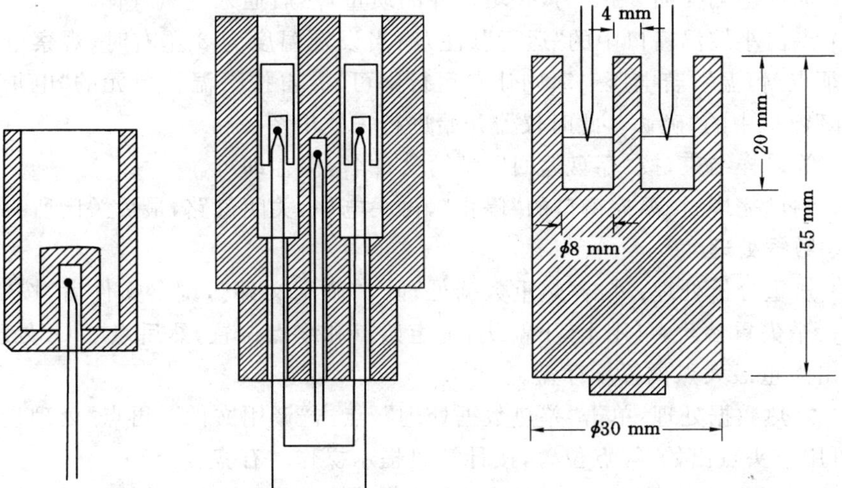

(a) 样品坩埚　(b) 样品保持器　(c) 样品保持器

图 3-23-3　样品坩埚及样品保持器剖面图

加热电炉要有较大的恒温区，通常采取立式装置。为便于更换样品，电炉可为升降式或开启式结构。

当物质在加热过程中发生脱水、分解或氧化等反应时，其质量就会减少或增加。如果把被测物质挂在天平的一支臂上，就可测出加热过程中质量随温度的变化，还有可能从质量变化的化学计量关系确定变化的性质，因此热天平是定量说明物质热稳定性的有用工具。

热天平做出的热谱图（温度对失去的质量作图）能够给物质的热稳定性以定量说明。例如它能定出物质脱水、分解或氧化的温度和推测出产物的组成。差热分析的热谱图(温度对温度差作图)则可显示出如晶变、异构化、固相反应、熔化及其他伴有热效应而无质量变化的过程，这些过程用热天平是无效的。显然二者可以互相补充，使过程的变化性质获得较圆满的解释。

三、仪器与试剂

天平主机1台，天平放大单元1台，微分单元1台，差热放大单元1台，温控单元1台，计算机主机1台。

分析纯 $CuSO_4 \cdot 5H_2O$，$\alpha\text{-}Al_2O_3$。

四、实验步骤

(1) 接通电源，预热30 min，即开启温控单元、气氛控制单元、天平放大单元、微分单元、差热放大单元、数据站接口单元的电源。

(2) 打开计算机，先按照以下步骤设置温控部分：

双击“XML2001”——点“设置”——“温度控制曲线”——“曲线名称：1”——“程序段：1”——“起点温度：0”——“终点温度：[]”——“速率：[]”——“添加”(若程序段2升温则“终点温度：[]”——“速率：[]”)——“添加”——“完成”——“确定”——窗口左移“读取曲线”——“曲线下载”——“确定”——窗口最小化。

(3) 打开“ZRY-2P”软件，点主菜单中的“采样”，设定采样温度、样品名、气氛等条件。

(4) 天平调零，放入空坩埚，调节电减码，使数码显示<0.03。

(5) 加入待测样品2～3勺，并填写样品质量，然后通入气氛气体。

(6) 点击小控温窗口中的“运行”(注意：当设定温度为3左右时，观察电压是否>5，若是则必须点“恒温”；若电压<5，则让它运行即可)。再按下温控单元的“电炉启动”，同时点击“采样”窗口中的“确认”，此时仪器开始进行采样出图。

(7) 等采样结束，按“存盘返回”，填写文件名，保存即可。

(8) 测试完毕，按温控窗口的“停止”，再关电炉，关闭气路，最后关闭所有单元的电源。

五、数据处理

(1) 热重分析处理：单击“热重数据处理”，“调用文件”，调出文件后，按“处理设置”，如预设为一个失重台阶，可用上、下箭头，确定始点和终点位置，然后点“TG”处理，此时屏幕上自动标出失重最大点位置。存盘。

(2) 差热数据处理：单击“差热数据处理”，点击“调用文件”，再点“处理设置”，如预设一个峰，可用箭头点出始、终点位置，按计算机提示操作。存盘。

(3) 数据处理完后，点击“打印”，添入相应数据，此时可打印谱图及测量数据。

六、思考题

(1) 差热分析所根据的基本原理是什么？

(2) 为什么要控制升温速率？升温过快或过慢有何后果？

(3) 对参比物有何要求？

(4) 热天平和差热分析各有什么特点？各有什么局限性？

实验二十四　粒度的测定

一、实验目的

(1) 掌握斯托克斯(Stokes)公式；

(2) 用离心沉降法测定颗粒样品直径大小的分布；

(3) 了解粒度测定仪的工作原理及操作方法。

二、实验原理

溶胶的运动性质除扩散和热运动之外，还有在外力作用下溶胶微粒的沉降。沉降是在重力的作用下粒子沉入容器底部，粒子越大，沉降速度也越快。但因布朗运动而引起的扩散作用与沉降相反，它能使下层较浓的微粒向上扩散，而有使浓度趋于均匀的倾向。粒子越大，则扩散速度越慢，故扩散是抗拒沉降的因素。当两种作用力相等时就达到了平衡状态，这种状态称为沉降平衡。

在研究沉降平衡时，粒子的直径大小对建立平衡的速度有很大影响，表 3-24-1 列出了一些不同尺寸的金属微粒在水中的沉降速度。由表中可以看出，细小颗粒的沉降速率很慢，因此需要增加离心力场以增加其速度。此外，在重力场下用沉降分析来做颗粒分布时，往往由于沉降时间过长，在测量时间内产生了颗粒的聚结，影响了测定的正确性。普通离心机转速为 3 000 r/min，可产生比重力大约 2 000 倍的离心力，超速离心机的转速可达 100～160 kr/min，其离心力约为重力的 100 万倍。所以在离心力场中，颗粒所受的重力可以忽略不计。

表 3-24-1　球形金属微粒在水中的沉降速度

粒子半径	$v/(\mathrm{cm/s})$	沉降 1 cm 所需时间
10^{-3} cm	1.7×10^{-1}	5.9 s
10^{-4} cm	1.7×10^{-3}	9.8 s
100 nm	1.7×10^{-5}	16 h
10 nm	1.7×10^{-7}	68 d
1 nm	1.7×10^{-9}	19 a

在离心力场中，粒子所受的离心力为$\frac{4}{3}\pi r^3(\rho-\rho_0)\omega^2 x$，根据斯托克斯定律，粒子在沉降时所受的阻力为 $6\pi\eta r\frac{\mathrm{d}x}{\mathrm{d}t}$。其中 r 为粒子半径；ρ、ρ_0 分别为粒子与介质的密度；$\omega^2 x$ 为离心加速度；$\frac{\mathrm{d}x}{\mathrm{d}t}$为粒子的沉降速度。如果沉降达到平衡，则有

$$\frac{4}{3}\pi r^3(\rho-\rho_0)\omega^2 x = 6\pi\eta r\frac{\mathrm{d}x}{\mathrm{d}t} \tag{3-24-1}$$

对上式积分可得

$$\frac{4}{3}\pi r^3(\rho-\rho_0)\omega^2\int_{t_1}^{t_2}\mathrm{d}t = 6\pi\eta r\int_{x_1}^{x_2}\frac{\mathrm{d}x}{x} \tag{3-24-2}$$

$$2r^2(\rho-\rho_0)\omega^2(t_2-t_1) = 9\eta\ln\frac{x_2}{x_1} \tag{3-24-3}$$

$$r=\sqrt{\frac{9}{2}\eta\frac{\ln\frac{x_2}{x_1}}{(\rho-\rho_0)\omega^2(t_2-t_1)}} \tag{3-24-4}$$

以理想的单分散体系为例，利用光学方法可测出清晰界面，记录不同时间 t_1 和 t_2 时的界面位置 x_1 和 x_2，由式(3-24-4)可算出颗粒大小，并根据颗粒总数算出每种颗粒占总颗粒

的百分数。另外,根据颗粒密度还可算出每种颗粒占总颗粒的质量百分数。

三、仪器与试剂

粒度测定仪 1 台,超声波发生器 1 台,注射器(100 mL,1 支;1 mL,2 支),温度计 1 支,台秤 1 个,烧杯(50 mL)2 个。

固体颗粒(CP),甘油(CP),无水乙醇(CP)。

四、实验步骤

(1) 打开粒度计电源开关和电机开关。

(2) 开启计算机和打印机,在计算机上启动相应的粒度测定程序。

(3) 点击"调整测量曲线",输入电机转速,向电机圆盘腔内注入 30～40 mL 旋转液(40%～60%甘油-水溶液),调节"增益"旋钮将基线调整到适宜值(3 400～3 800),连续运行 20～30 min,观察基线值的波动和稳定性,一般要求基线波动量要小于 10 个数值,若基线波动量大于 10 个数值,应延长观察时间直至稳定性符合要求,基线稳定后,敲任意键返回。

(4) 点击"输入参数和采样",输入相应的参数值,检查无误后,点击"确认"。输入参数要求如表 3-24-2 所示。

表 3-24-2　　输入参数要求

序　号	参数名称	输入要求
1	样品名称	中英文均可
2	前采样周期	1～29 s
3	后采样周期	5～15 s
4	颗粒样品密度	实测或查表,单位:g/cm^3
5	旋转流体密度	实测或查表,单位:g/cm^3
6	旋转流体黏度	实测或查表,单位:P
7	旋转流体用量	实际使用体积,单位:mL

(5) 注入 1 mL 缓冲液(40%乙醇-水溶液),按"加速"按钮形成缓冲层,点击"确定",计算机开始采集基线,当基线太高或噪声太大时,程序不往下进行,一直采集基线,待问题解决后,程序才往下进行。

(6) 采集基线后,注入 1 mL 样品溶液(配制 0.1%～1%的样品水溶液,放入超声波发生器中超声 10～20 min,直到聚集在一起的颗粒散开),并及时按压任意键(时间间隔应小于 1 s),采样过程中一切会自动进行。采样结束后,按计算机指令进行操作。

(7) 点击"存盘退出",存入数据及图形。

(8) 点击"调出结果",查看结果。

(9) 点击"打印测试报告",按指令打印数据及图表。

(10) 将注射器用去离子水洗净,将圆盘腔用去离子水洗净、擦干。

【注意】

(1) 注射旋转液和样品溶液时,注射器针头不要碰到圆盘腔内壁,以免划伤或损坏圆盘。

(2) 当电机转速较高时,应先将电机转速以 1 000 r/min 递减,速度降到 2 000 r/min 后再关闭电机。

(3) 将圆盘腔擦干时,应小心操作以免划伤圆盘腔。

五、数据处理

(1) 根据测得的不同颗粒在不同时间 t_1 和 t_2 时的界面位置 x_1 和 x_2，据式(3-24-4)计算出各颗粒的半径。

(2) 根据式(3-24-1)的计算结果和颗粒密度，计算出颗粒总数和颗粒总质量。

(3) 计算每种颗粒占总颗粒的数目百分数和质量百分数。

(4) 以各颗粒的质量分数对颗粒半径作图，从图中求出颗粒的最大几率半径。

六、思考题

(1) 本实验的主要误差来源是什么？怎样消除？

(2) 如何选择样品用量及旋转液用量和浓度？

七、讨论

对于不同尺寸的颗粒，可采用不同的测量方法。一般来说，直径大于 4 nm 的颗粒可采用离心沉降法测定其颗粒大小，但如果颗粒密度较低($<1\ g/cm^3$)，由于其沉降速度较慢，所以很难测出 20 nm 以下的颗粒直径，此时可采用电子显微镜观察和测量。

对于直径大于 1 μm 的颗粒，可采用沉降分析法测其颗粒大小，根据斯托克斯公式，当一球形颗粒在均匀介质中匀速下降时，所受阻力为 $6\pi r\eta v$，其重力为 $\frac{4}{3}\pi r^3(\rho_{颗粒}-\rho_{介质})g$，在匀速下沉时两种作用力相等，即

$$6\pi r\eta v=\frac{4}{3}\pi r^3(\rho_{颗粒}-\rho_{介质})g \tag{3-24-5}$$

$$r=\sqrt{\frac{9}{2g}\cdot\frac{\eta v}{\rho_{颗粒}-\rho_{介质}}}=\sqrt{\frac{9}{2g}\cdot\frac{\eta}{\rho_{颗粒}-\rho_{介质}}}\cdot\sqrt{\frac{h}{t}} \tag{3-24-6}$$

$$d=2r=2\sqrt{\frac{9}{2g}\cdot\frac{\eta}{\rho_{颗粒}-\rho_{介质}}}\cdot\sqrt{\frac{h}{t}} \tag{3-24-7}$$

式中，r 为颗粒半径，cm；d 为颗粒直径，cm；g 为重力加速度，980 cm/s^2；$\rho_{颗粒}$ 为颗粒密度，g/cm^3；$\rho_{介质}$ 为介质密度，g/cm^3；v 为沉降速度，cm/s；η 为介质黏度，P；h 为沉降高度，cm。

称量不同时间 t_i 颗粒的沉降量 W_i 所做的曲线称为沉降曲线。

图 3-24-1 表示颗粒直径相等体系的沉降曲线，其为一过原点的直线。颗粒以等速下沉，OA 表示沉降正在进行，AB 表示沉降已结束，沉降时间 t_i 所对应的沉降量为 W_i，总沉降量为 W_C，颗粒沉降完的时间为 t_C，将 t_C 和 h 的数值代入式(3-24-7)可求出颗粒的直径。

图 3-24-2 表示两种颗粒直径体系的沉降曲线，其形状为一折线。OA 段表示两种不同直径的颗粒同时沉降，斜率大；至 t_i 时，直径大的颗粒沉降完毕，直径小的颗粒继续沉降，斜率变小；至 t_C 时，较小直径的颗粒也沉降完毕，总沉降量为 W_C。直径大的颗粒的沉降量为 n，直径小的颗粒的沉降量为 m，二者之和为 W_C。将 t_i、t_C 及 h 代入式(3-24-7)，可求出两种颗粒的直径。

图 3-24-3 表示颗粒直径连续分布体系的沉降曲线，在沉降时间 t_1 时，对应的沉降量为 W_1。其分为两部分，一为直径大于或等于 d_1 在 t_1 时刚好沉降完的所有颗粒，它的沉降量为 n_1，即对应 t_1 时曲线的切线在纵轴上的截距值；另一部分为直径小于 d_1 在 t_1 时继续沉降的颗粒，其已沉降的部分为 m_1。

$$m_1=t_1\frac{dW}{dt} \tag{3-24-8}$$

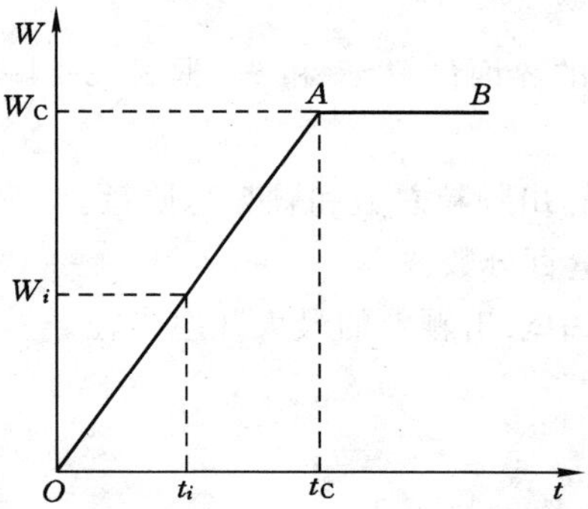

图 3-24-1　颗粒直径相等体系的沉降曲线

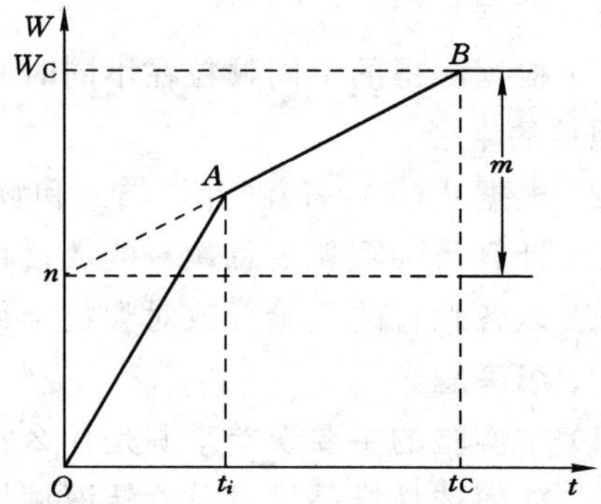

图 3-24-2　两种颗粒直径体系的沉降曲线

$$n_1=W_1-m_1=W_1-t_1\frac{\mathrm{d}W}{\mathrm{d}t}\quad(3\text{-}24\text{-}9)$$

如果沉降是完全进行到底的，那么总沉降量 W_C 即样品总量。$Q_1=\frac{n_1}{W_C}\times100\%$ 即为直径大于或等于 d_1 的颗粒在样品中所占的百分含量，$Q_2=\frac{n_2}{W_C}\times100\%$ 即为直径大于或等于 d_2 的颗粒在样品中所占的百分含量，$Q_{2-1}=\frac{n_2-n_1}{W_C}\times100\%$ 即为直径介于 d_1 和 d_2 之间的所有颗粒在样品中所占的百分含量。

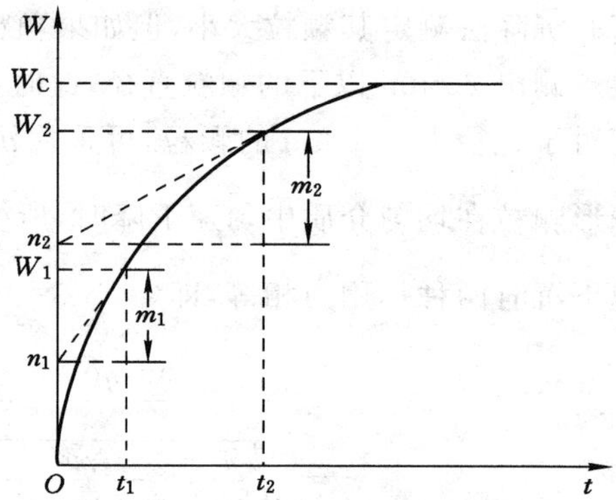

图 3-24-3　颗粒直径连续分布的沉降曲线

实验二十五　TiO_2 薄膜光催化降解苯酚溶液的动力学研究

一、实验目的

(1) 建立光催化降解苯酚溶液的动力学方程；

(2) 了解光催化降解有机污染物的实验过程。

二、实验原理

光催化氧化是一种高级氧化技术，具有无毒害、降解彻底、不产生二次污染等优点。光催化氧化过程是在溶液中加入一定量的光敏半导体材料，在紫外光照射下，有机物逐步氧化成无机物，最终生成 CO_2、H_2O 或无机离子如 Cl^-、NO_3^-、PO_4^{3-} 等。近年来，利用半导体光催化降解环境污染物的研究非常活跃，取得了令人满意的结果，具有诱人的应用前景。在众多的半导体光催化剂中，锐钛矿型 TiO_2 因其活性高、稳定性好、无毒、不带来二次污染而成为降解有机污染物最受欢迎的催化剂。目前，国外已将 TiO_2 光催化技术应用于众多领域，如用于生命科学、建筑材料、空气净化、高分子材料及化妆品工业等，并取得了重要的进展及成果。

在大量的关于 TiO_2 降解有机物的报道中，采用的 TiO_2 均是锐钛矿型，其使用方式有固定薄膜、粉末悬浮和固载在漂浮载体如玻璃微珠、聚四氟乙烯球上；还有通过涂渍、偶联、胶体沉淀以及制成纳米粒子等方式使其表面积增大，增强单位质量催化能力。

1. TiO_2 的光催化作用机理

TiO_2 是一种半导体光催化材料，TiO_2 的电子结构特点为一个满的价带和一个空的导带。当受到一定能量的光照射时，价带上的电子被激发，跃过禁带，同时在价带上产生与电子 e^- 相对应的空穴 h^+，即自由电子-空穴对如图 3-25-1 所示，反应式为

$$TiO_2 + h\nu \longrightarrow e_{cb}^- + h_{vb}^+$$

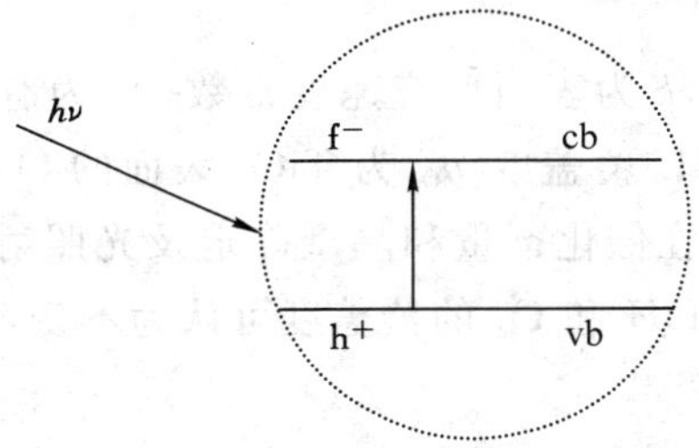

图 3-25-1　TiO_2 光激发过程

e_{cb}^- 表示导带电子，h_{vb}^+ 表示价带空穴。导带电子具有良好的还原性，它能将吸附于 TiO_2 表面的 O_2 分子还原，反应式为

$$e_{cb}^- + O_2 \longrightarrow \cdot O_2^-$$

价带空穴具有良好的氧化性，它能与 TiO_2 表面吸附的 H_2O 或 HO^- 反应，生成具有强氧化性的羟基。反应式为

$$H_2O + h_{vb}^+ \longrightarrow \cdot OH + H^+$$

$$OH^- + h_{vb}^+ \longrightarrow \cdot OH$$

$\cdot O_2^-$ 和 $\cdot OH$ 具有很强的化学活性，是参与有机污染物光催化降解过程的基本单元。

$$\cdot O_2^- + H^+ \longrightarrow HO_2 \cdot$$

$$2HO_2 \cdot \longrightarrow O_2 + H_2O_2$$

$$H_2O_2 + \cdot O_2^- \longrightarrow \cdot OH + OH^- + O_2$$

$\cdot O_2^-$ 和 $\cdot OH$ 均可以与有机物反应生成 CO_2 和 H_2O 及其他产物。$\cdot O_2^-$ 也能与细菌内的有机物反应。$\cdot OH$ 与有机物反应式为

$$有机物 + \cdot OH \longrightarrow CO_2 + H_2O + 其他产物$$

导带电子 e_{cb}^- 可以还原去除水体的重金属离子，如废水中 Cr^{6+} 可以通过接受 TiO_2 表面的电子而被还原为 Cr^{3+}。

在价带电子向导带电子跃迁的同时，也存在电子 e_{cb}^- 与空穴 h_{vb}^+ 的复合，因此提高 TiO_2 的光催化效率，就必须抑制电子与空穴的复合。

2. 反应级数的讨论

在 TiO_2 液-固相反应过程中，反应物要经历以下步骤：

(1) TiO_2 光激发后，产生电子-空穴对，并向 TiO_2 表面扩散。

(2) 电子-空穴在外表面产生诱导吸附

$$O_2 + e^- \longrightarrow O_2^-$$

$$OH^- + h^+ \longrightarrow \cdot OH$$

(3) 有机物分子 A 在外表面发生诱导吸附

$$A + h^+ \longrightarrow A \cdot$$

(4) $A \cdot$ 和 O_2^-、$\cdot OH$ 发生反应，主要是 $\cdot OH$ 与有机分子的反应。

(5) 生成物解吸。

如果反应物的吸附和生成物的解吸都进行得非常快，使得反应的每一瞬间都建立了吸附和解吸的平衡，则光催化反应的总反应速度只由表面反应所决定。反应速度 v 为

$$v=k\theta_A\theta_{OH} \tag{3-25-1}$$

或

$$v=k'\theta_A\theta_{O_2} \tag{3-25-2}$$

式中，k 为表面反应速度常数；θ_A 为有机分子 A 在 TiO_2 表面的覆盖度；θ_{OH} 为 TiO_2 表面的 $\cdot OH^-$ 覆盖度；θ_{O_2} 为 TiO_2 表面的 O_2 覆盖度，θ_{O_2} 与 θ_{OH} 成正比关系。

在催化剂量和晶型确定及光照射稳定后，催化剂的空穴产生速率实际是常数，TiO_2 表面 $\cdot OH$ 和 O_2 的覆盖度可认为不变，故

$$v=k\theta_A \tag{3-25-3}$$

由 Langmuir 公式得

$$\theta_A=K_A\frac{c_A}{1+K_Ac_A} \tag{3-25-4}$$

$$v=kK_A\frac{c_A}{1+K_Ac_A} \tag{3-25-5}$$

$$\frac{1}{v}=\frac{1}{kK_A}\cdot\frac{1}{c_A}+\frac{1}{k} \tag{3-25-6}$$

式(3-25-6)为 Langmuir-Hinshwood 动力学方程，表明 $1/v$ 与 $1/c$ 之间服从直线关系。式中，K_A 为有机分子 A 在 TiO_2 表面的吸附平衡常数，c_A 代表 A 的初始浓度。由式(3-25-5)可知：

当 A 的浓度很低，$K_Ac_A \ll 1$ 时，则

$$v\approx kK_Ac_A \tag{3-25-7}$$

$$\ln\frac{c_{A0}}{c_A}=kK_At=K_1t \tag{3-25-8}$$

此时表现为一级反应，$\ln\frac{c_{A0}}{c_A}$对 t 为直线关系。上式中 $K_1=kK_A$，为表观一级反应速率常数。

当 A 的浓度很大时，从理论上说，$\theta_A=1$，A 在 TiO_2 表面的吸附达到饱和，此时

$$v=k \tag{3-25-9}$$

$$c_A=c_{A0}-k_0t \tag{3-25-10}$$

表现为零级反应，反应速率与有机物浓度无关。上式中的 k_0 称为表观零级反应速率常数。实际上，当反应物浓度增大后，会产生两方面的影响：① 首先反应物会吸收照射光，减弱光强，同时在高浓度下，反应物的光分解将会加强；② 反应所表现出的速度是光分解和光降解共同作用的结果。

三、仪器与试剂

分光光度计，镀二氧化钛薄膜的铜网，紫外灯，空气鼓泡器，石英管反应器。

(1) 苯酚溶液约 50 mg/L(即 50 ppm)；

(2) 缓冲溶液(pH 约为 10)：称取 20 g 氯化铵溶于 100 mL 氨水中，加塞，置冰箱中保存(注意：应避免氨挥发所引起的 pH 值的改变，在低温下保存和取用后立即加塞盖严，并根据使用情况适量配置)；

(3) 2% 4-氨基氨替比林溶液：称取 4-氨基氨替比林 2 g 溶于水，稀释至 100 mL，置冰箱中保存，可使用一周(注意：固体试剂易潮解、氧化，宜保存在干燥器中)；

(4) 8%铁氰化钾溶液：称取 8 g 铁氰化钾溶于水，稀释至 100 mL，置冰箱中保存，可使

用一周。

实验装置如图 3-25-2 所示。

四、实验步骤

(1) 取出 20 mL 约 50 mg/L 的苯酚溶液，放入石英管中，把镀有二氧化钛薄膜的底物浸入到苯酚溶液中，使二氧化钛薄膜正对紫外灯光源。

(2) 打开空气鼓泡器及紫外灯光源，开始计时。

(3) 分别用 30 min、60 min、90 min、120 min、150 min 进行光催化实验。

(4) 反应结束后，移取 1 mL 反应后的苯酚溶液(取清液)放入 50 mL 容量瓶中，加 0.5 mL pH＝10 的氨缓冲溶液，加 2% 的 1.0 mL 4-氨基氨替比林溶液，再加 1.0 mL 8% 的铁氰化钾溶液，稀释至刻度。充分混匀后，用 1 cm 比色皿，在 510 nm 波长下，以水为参比，测量吸光度。

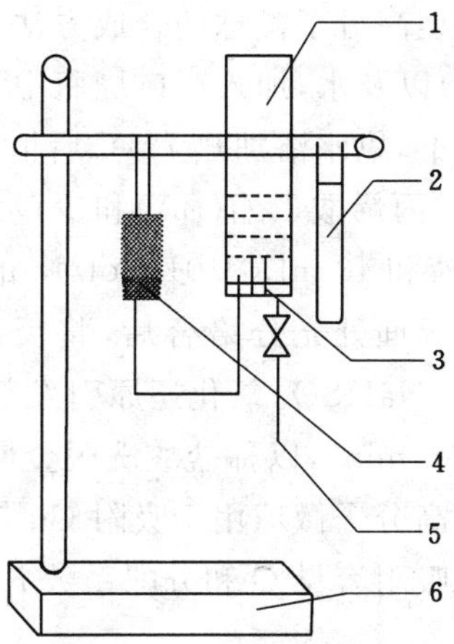

图 3-25-2　光催化降解装置图

1——石英管；2——紫外灯；3——TiO_2 薄膜；4——鼓泡器；5——排液口；6——铁架台

(5) 绘制吸光度对苯酚含量(mg)的标准曲线：于一组 8 支 50 mL 比色管中分别加入 0 mL，0.50 mL，1.00 mL，3.00 mL，5.00 mL，7.00 mL，10.00 mL，12.50 mL 苯酚溶液，加水至 50 mL 标线。加 0.5 mL 缓冲溶液，混匀，此时 pH 值为 10.0±0.2，加 4-氨基氨替比林溶液 1.0 mL，混匀，再加 1.0 mL 铁氰化钾溶液，充分混匀后，放置 10 min 立即于 510 nm 波长下，以水为参比测量吸光度。经空白校正后，绘制吸光度对苯酚含量(mg)的标准曲线。

五、数据处理

以 $\ln\frac{c_{A0}}{c_A}$ 对 t 作图，从直线的斜率求速率常数 K。

六、讨论

(1) 可用试差法或其他方法推导光催化降解废水的动力学方程。

(2) 被降解物可选：亚甲基蓝、甲基橙、一氯乙酸、二氯乙酸、三氯乙酸、农药、表面活性剂、Cr^{3+} 溶液等。

实验二十六　高分子微球吸附溶液中金属离子的吸附热力学

一、实验目的

(1) 了解金属离子铸型高分子微球的合成方法；

(2) 测定微球吸附容量、吸附等温线和吸附热。

二、实验原理

高分子微球的合成方法有乳液聚合和悬浮聚合两种方法。采用无皂乳液聚合方法合成的微球表面洁净，带有多种功能基团，离子均匀呈规则圆球状，可广泛应用于光学仪器矫正、临床医学和环保领域。以金属离子为模板，使金属离子与功能单体结合，将单体交联聚合，最后将聚合物中的金属离子洗脱，得到金属离子铸型的高分子微球，由于洗脱金属离子后的微球中留下许多金属离子铸型结构(即具有模板金属离子大小和空间成键结构的孔穴)，因此这种金属离子铸型的高分子微球对模板离子吸附选择性比未铸型的高分子微球大大提高。

铸型高分子微球的合成方法：按比例称取苯乙烯(St)、丙烯酸丁酯(BA)和甲基丙烯酸(MAA)以及水，加入三口烧瓶中，在pH=2.2条件下以$K_2S_2O_8$为引发剂，在搅拌和通入氮气保护下，以水浴加热70 ℃后恒温7 h，得到乳状溶液后冷却至室温，加入交联剂二乙烯苯(DVB)、丙烯酸丁酯(BA)和少量水，调节乳液的pH为5.0，在50 mL的反应瓶中，加入8 mL乳液和40 mL(0.01 mol/L)的Cu^{2+}(或Zn^{2+}、Co^{2+}、Ni^{2+})离子溶液，使金属离子与羧基在油水界面处充分络合后，将反应瓶在室温下用Co^{60} γ射线(2 Mra)照射50 h，或使用$K_2S_2O_8$-$NaHSO_3$氧化还原引发剂在70 ℃加热7 h进行界面模板聚合，混合物经离心分离(1 000 r/min)，以稀盐酸洗脱金属离子，真空干燥，制得金属离子铸型微球。

将高分子微球用于吸附Cu^{2+}(或Zn^{2+}、Co^{2+}、Ni^{2+})离子溶液，根据吸附前后离子的浓度计算吸附容量Q和分配系数K_d

$$Q=\frac{c_0-c_e}{W}V \qquad K_d=\frac{Q}{c_e} \tag{3-26-1}$$

式中，c_0、c_e分别为吸附前后金属离子质量浓度，μg/mL；V为金属离子溶液的体积mL；W为微球产物的质量，μg。

根据热力学公式

$$\lg K_d=-\frac{\Delta H}{2.303RT}+C \tag{3-26-2}$$

$\lg K_d$对$\frac{1}{T}$作图为一直线，可求出吸附反应热ΔH。

三、仪器与试剂

恒温水域1套，冰箱1台，电动搅拌器1台，原子吸收光度计1套，恒温水浴振荡器1套，高速离心机1套，1.5 mL塑料管20个。

分析纯的苯乙烯(St)，丙烯酸丁酯(BA)，甲基丙烯酸(MAA)，$K_2S_2O_8$，$NaHSO_3$，$NiCl_2$，$CoCl_2$，NaOH，$CuCl_2$，$ZnCl_2$，HCl和工业纯DVB。在氮气保护下减压蒸馏后置于冰箱内保存。

四、实验步骤

(1) 按上面合成方法合成高分子铸型微球。

(2) 吸附容量的测定：取4个1.5 mL的塑料管，每个称取0.05 g微球产物，分别加入1 mL 5.0×10^{-4}mol/L的$NiCl_2$、$CoCl_2$、$CuCl_2$、$ZnCl_2$的金属离子溶液，密封，振动分散，在恒温振荡器上控制温度(20.0±0.2)℃，振荡18 h后，用高速离心分离器分离30～60 min，取上层溶液，采用原子吸收分光光度计测定吸附后Ni^{2+}、Co^{2+}、Cu^{2+}、Zn^{2+}离子浓度。

(3) 吸附等温线测定：分别称取0.5 g微球产物，加入10 mL 5.0×10^{-4} mol/L的$NiCl_2$、$CoCl_2$、$CuCl_2$、$ZnCl_2$溶液中，在恒温振荡器上，分别控制温度为20 ℃、25 ℃、30 ℃条件下，在不同时间间隔取样分析(间隔1 h左右)，采用原子吸收分光光度计测定金属离子的浓度。

五、数据处理

(1) 计算不同金属离子铸型高分子微球对金属离子的吸附率E。按下式计算

$$E=\frac{c_0-c_e}{c_0}\times100\% \tag{3-26-3}$$

式中，c_0、c_e分别为吸附前后金属离子质量浓度，μg/mL。

(2) 按式(3-26-1)计算金属离子铸型高分子微球的吸附容量Q。

(3) 以Q对c_e作图。

吸附量 $Q/(\mu g/g)$	吸附浓度/(mol/mL)		
	20 ℃	30 ℃	40 ℃

(4) 由 $K_d = \frac{Q}{c_e}$ 计算不同温度下 K_d 值，列表计算吸附反应热 ΔH。

$\lg K_d$				
$(1/T)\times 10^3$				

六、讨论

(1) 无皂乳液聚合中功能单体的种类对铸型离子影响很大，可选用不同种类功能单体，如：$-SO_3H$、$-OH$ 等基团的单体。

(2) 可选择其他种类金属离子铸型合成，如：Fe^{3+}、Fe^{2+}。

实验二十七　天然沸石在含氟废水处理中的实验研究

一、实验目的

(1) 明确天然沸石除氟机理及除氟意义；

(2) 了解除氟实验一系列过程原理和方法。

二、实验原理

水是生命之源，是一切生物赖以生存的最基本的条件。水中含有各种各样的人类所必需的元素，氟元素就是其中之一。氟作为人体所需的一种必要元素，不可过量也不可缺少；否则将导致功能失调。一般人体氟含量应在0.007%左右，一旦缺乏易患齿病，而且常使老人骨骼变脆，易发生骨折，造成残疾。然而当摄入的氟过量时则在骨骼和牙齿等硬组织中积累，导致氟斑牙甚至是氟骨症。氟还能透过胎盘膜，具有潜在致畸性危害。过量的氟还可引发肠病，削弱肌肉功能，并且可能促发心血管病。解决饮用高氟水除氟问题已成为水污染治理的当务之急。

由于天然沸石除氟性能比较差，必须对其进行活化才能提高除氟效率。通过一系列的实验，考察了各种实验条件下天然沸石的除氟效果，得出了天然沸石的最佳活化条件：在6.0 mol/L NaOH 溶液中水浴 2 h，通过用 NaOH 溶液对天然沸石的硅酸盐的网状结构进行调整，可大大提高天然沸石的除氟性能；在5%的 $CaCl_2$ 溶液浸泡 2 h，通过利用 $CaCl_2$ 溶液对沸石中的一价离子进行交换以使其改型，增大孔道，也可大大提高天然沸石的除氟性能；在 700 ℃下灼烧 2 h，通过高温灼烧除去孔道中阻塞物，可大大提高天然沸石的除氟性能。

氟是电负性最高的元素，是一种相当活泼的非金属元素，在自然界中因其均可与其他元素化合而多以化合态存在，它的亲水性很强，离子半径为0.133 nm，与OH^-和Cl^-离子的性质较为类似。氟一般存在于沉积岩和火山岩中，以萤石(CaF_2)、冰晶石($3NaF$、AlF_2)、氟磷灰石($Ca(PO_4)_4F$)的形式存在。水中的氟就是由于萤石矿区的地下水在岩石圈迁移时，溶解了CaF_2等含氟矿石而产生的。高氟区在水文地质上的特点之一就是盆地的中下部多堆积了含氟高的黏土、亚黏土、细沙等土质，由于地下水对氟的溶解作用使水中的含氟量增高。影响地下水含氟量的因素很多，如地形、地貌、岩性、矿物成分、气候、温度、地下水径流，同时地下水含氟量还与自然界的物理化学作用、人类生产活动等因素密切相关。由于这些原因，使得世界各地的氟含量差别很大。有少数地区氟含量特别高，形成"高氟区"，如南美、东非裂谷和中亚地区已发现水中氟含量过高引起牙齿甚至骨骼中毒；在我国，处在干旱和半干旱的东北西部地区、内蒙古草原、华北平原及黄河中下游一部分地区为高氟区。水中含氟的人为因素是工业生产中广泛使用和生产氟元素造成的，如铝工业、磷肥、陶瓷、砖瓦厂、煤炭工业、钢铁工业、氟化盐生产等。随着我国经济建设的迅速发展，工业"三废"中氟污染的问题也变得越来越严重，其危害人体健康的严重性并不亚于自然形成的高氟区。当水中氟含量超过1.0 mg/L时，即可使氟斑牙病率大大提高；当水中氟含量超过1.5 mg/L时，氟斑牙病率可达到80%左右；超过2.0 mg/L时，氟斑牙患病率将会更高。长期饮用氟含量高于6.0 mg/L水的儿童无一例外地患上了永久性的氟斑牙病，并且引发氟骨症。

为了确保人民的身体健康，世界各国和卫生组织指定了饮用水中氟含量标准表(见表3-27-1)。表中氟化物最大允许量为一般标准，通常随当地的气温不同而在一定范围内变动，气温越低，最大允许量越高。据美国环保局(EPA)暂行的一级条例，其变动范围为1.2～2.4 mg/L。

表 3-27-1　　饮用水水质氟含量标准

组织或者国别	最大允许量/(mg/L)	组织或者国别	最大允许量/(mg/L)
世界卫生组织	1.0	法国	1.0
国际卫生组织	1.5	印尼	1.0～1.5
日本	0.8	墨西哥	1.5
美国	0.6～1.7	中国	1.0
德国	0.5		

对于沸石特征的研究是从1930年开始的，沸石主要由铝硅酸盐阴离子骨架部分、金属阳离子和水组成。沸石的主要特性是由硅酸盐骨架所决定的，在一定条件下，阴离子对沸石的某些性质也可以起到决定作用，至于沸石结构中的水，是在沸石生成过程中包含进结构之中的，通过加热可使其脱出，从而使沸石形成空旷的骨架结构。

天然沸石一般的化学式表示为：$M_{2/n}O \cdot Al_2O_3 \cdot xSiO_2 \cdot yH_2O$，其中$x \geqslant 2$，M代表价数为$n$的阳离子。沸石中所含金属阳离子主要有钠、钾、钙及少量锶、钡、镁等。构成沸石骨架的最基本的结构是硅氧(SiO_4)四面体和铝氧四面体。在这种四面体结构中，中心有一个硅(铝)原子，每个硅(铝)原子的周围有四个氧原子，常把它写成如下的平面结构式

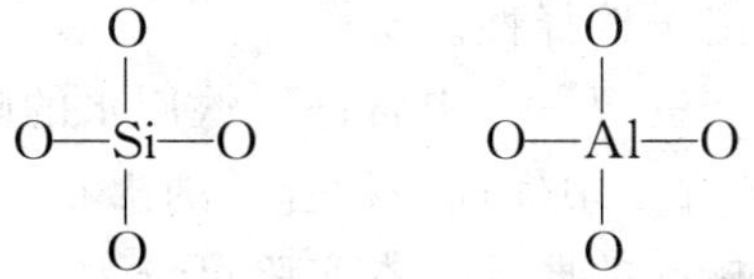

在沸石的结构中，硅（铝）氧四面体是通过处于四面体顶点的硅（铝）原子和氧原子相互联系起来的，由于铝原子是三价，所以铝氧四面体中有一个氧原子的价电子没有得到中和，这样就使整个铝氧四面体带有一个负电荷。为保持中性，在铝氧四面体附近必须有一个带正电荷的金属阳离子（M^+）来抵消它的负电荷。几个硅（铝）氧四面体通过氧原子互相联结在一起，可以形成首尾相接的形状，多种多元环三维地相互联结，可以形成更复杂的中空的多四面体，这些多四面体进一步排列，即可构成沸石的骨架结构。因此，这样的硅（铝）氧骨架是非常空旷的，具有许多排列整齐的晶穴、晶孔和孔道。金属阳离子就存在于其中空旷的骨架，沸石中的阳离子可以被其他阳离子所交换，并保持骨架不发生变化，由于阳离子的大小不同，以及在晶学中的位置改变，可以影响沸石的孔径发生变化。另外由于不同沸石中所发生的局部静电场不同，水合阳离子离解度也不同，从而影响沸石分子的作用和吸附性能。所以沸石的离子交换作用是沸石能够改性的原因之一。沸石中松弛结合的水，可以通过加热逐步脱除。脱水后的沸石，根据其有效孔径的大小，可以让某些流体分子进入。沸石的这些结构特点使它成为一种优良的吸附剂、离子交换剂、催化剂等。

沸石的物理性质主要有孔径、晶穴体积、表面积、密度、比热等。沸石具有大量均匀的微孔，其孔径与一般物质的分子的数量级相当。沸石还具有空旷的骨架结构，晶穴体积约为总体积的 40%～50%，和其他多孔物质比较，沸石具有很大的比表面积，这些表面积主要存在于晶穴的内部，外表面积仅占总表面积的 1%左右。这些都为沸石的交换和吸附提供了条件。

天然沸石孔道中的水分子经过烘烤后会部分脱除或者全部脱除，不会破坏结构骨架，从而形成一个内表面积很大的孔穴，可吸附并储存大量的分子。天然沸石的内表面积非常大，因此沸石的吸附量特别高，沸石晶体内部的孔穴和孔道大小均匀固定，与普通分子尺寸相当，只有直径较小的分子才能进入沸石孔道被吸附，而尺寸较大的分子则不能进入孔道，即沸石具有选择性吸附和筛分能力，而硅胶、活性炭等由于其孔径变化较大，大小分子均可进入，无选择性吸附。天然沸石具有高效吸附功能，特别是对水、氨、硫化氢、二氧化碳等具有很强的亲和性。

沸石是一种含水的架状铝硅酸盐，其微观结构具有多孔穴和多通道，因而具有较大的比表面积，当用铝盐溶液浸泡时，铝盐及其水解产物易被沸石吸附，成为铝盐的良好载体，可以用来有效地吸附与交换水中的氟离子，并且可再生重复利用。19 世纪末就已经发现了沸石的离子交换作用，沸石的这种离子交换能力是其重要性能之一。利用它可调节晶体内的电场、表面酸性，从而可改变沸石的性质，调节沸石的吸附和催化特性。沸石与某些金属盐的水溶液相接触，溶液中的金属阳离子可以进入沸石中，而沸石中的阳离子被交换下来进入溶液中，这种离子交换过程可用下面的通式表示

$$A^+Z^- + B^+ \longrightarrow B^+Z^- + A^+$$

式中，Z^- 为沸石的阴离子骨架；A^+ 为交换前沸石中含有的阳离子；B^+ 为水溶液金属阳离子。

天然沸石具有良好的离子交换容量和阳离子选择性能，在其应用中三个最主要的性能

为:动力学、离子交换容量和阳离子选择性。

本实验旨在利用丰富的矿产资源——沸石进行饮用水的降氟,使其达到饮用水的标准。从山西省分布广泛、储量丰富的沸石中优选一种合适的沸石作为除氟材料,进行低浓度的除氟以达到满足饮用水水质含量标准的要求。本实验可分为三部分:

(1) 对山西浑源沸石进行一系列的活化,NaOH 溶液水浴;$CaCl_2$ 溶液浸泡(转型);高温灼烧(疏通孔道中的杂质和水分),通过对沸石除氟容量的影响进行研究,采用 15 种活化方案。

(2) 通过静态除氟实验得出 15 种活化沸石的除氟容量和除氟率,最后选出最佳活化方案。

(3) 通过对沸石原样、活化、预处理、除氟后的沸石的成分、表面形貌和结构的分析来研究沸石的除氟和再生机理。

三、仪器与试剂

精密酸度计,电动搅拌机,马弗炉,磁力搅拌器,氟离子选择电极,甘汞电极。

(1) 氟标准溶液(100 mg/L):将分析纯的氟化钠(NaF)在 120 ℃的温度下干燥 2 h,冷却后准确称取 0.100 0 g,加水稀释到 1 000 mL;

(2) TISAB 缓冲溶液:称氯化钠(NaCl)固体 60 g,醋酸钠(CH_3COONa)64 g,柠檬酸钠($Na_2C_6H_5O_7 \cdot 2H_2O$) 5 g,量取冰醋酸 14 mL,溶解加水稀释到 1 000 mL;

(3) 5%氯化钙($CaCl_2$)溶液:称取氯化钙 5.26 g,加水稀释至 100 mL;

(4) 5%硫酸铝[$Al_2(SO_4)_3 \cdot 18H_2O$]溶液:称取 5.3 g 硫酸铝,加水稀释至 100 mL;

(5) 6 mol/L 氢氧化钠(NaOH)溶液:称取氢氧化钠 24 g,加水稀释至 100 mL。

四、实验步骤

(1) 把 1 mL 含 100 μg 的氟标准溶液用去离子水稀释 10 倍,即得 1 mL 含 10 μg 的标准溶液。

(2) 吸取每毫升含 10 μg 的氟标准溶液分别放入 1 mL、2 mL、3 mL、4 mL、6 mL、8 mL、10 mL、20 mL、25 mL 于 50 mL 容量瓶中,加 TISAB 缓冲溶液 10 mL,用去离子水稀释至刻度,即得含氟离子分别为 0.20 mg/L、0.40 mg/L、0.60 mg/L、0.80 mg/L、1.20 mg/L、1.60 mg/L、2.00 mg/L、4.00 mg/L、5.00 mg/L 标准系列溶液。

(3) 仪器的校正

氟电极端子接负,甘汞电极端子接正。按下“-mV”键,把分挡开关放在“0”,检查指针是否在“1”的位置,如偏移可用零点调节器至“1”。将分挡开关放在校正位置,调节校正调节器使指针在满度。将分挡放在“0”的位置。

(4) 标准溶液的测定

拔出氟电极插头,按下读数开关,调节定位器使指在刻度盘上的右刻度“0”点。插入氟电极,用去离子水反复冲洗到空白电位置(约 270 mV),将所配标准系列溶液按由低到高浓度逐个转入 100 mL 小烧杯中,放入一个搅拌子,浸入氟电极和饱和甘汞电极,在电磁搅拌下,读取平衡电位值。

五、数据处理

以电极电位为纵坐标,F 离子浓度为横坐标,在半对数坐标纸上作图,即得到工作曲线。用地方含氟水样进行反复几次的重复实验,与工作曲线对比,得出结果,然后进行除氟。

设计性实验

实验二十八 液体有机物燃烧热的测定

一、实验目的

(1) 进一步熟悉量热法的实验技术；

(2) 掌握液体有机物燃烧热的测定方法。

二、设计要求

(1) 复习"实验二燃烧热的测定"的内容；

(2) 设计一种测定液体有机物的燃烧热值的实验方法；

(3) 计算出液体有机物的恒压燃烧热和恒定燃烧热。

三、设计提示

燃烧热测定在工业上涉及物质种类较多，例如石油、煤、天然气、燃料油、液化石油气等，用氧弹量热计测定液态物质燃烧热时，对于沸点低的物质，通常将其密封在已知燃烧热的胶囊或塑料薄膜中，通过引燃物将其燃烧而测定。计算试样热值时，要将引燃物和胶囊放出的热扣除。本实验的引燃物可以用棉纱线，在试样和点火丝之间缚一段棉纱线，以起助燃作用。棉纱线的参考燃烧热为−16.7 kJ/g。

四、仪器与试剂

氧弹式量热计，万用电表，电子天平台秤，氧气钢瓶，氧气减压阀，压片机，容量瓶(1 000、500、100 mL)。

液体有机物(柴油等)，点火丝，苯甲酸(AR)。

五、思考题

(1) 测定可燃液体牛奶的热值时，能否直接放在氧弹中的石英杯(或不锈钢杯)里测定？

(2) 如何计算可燃液体有机物质的恒容燃烧热，并由此求算其恒压燃烧热？

实验二十九 电导率法测定微溶盐的溶度积

一、实验目的

(1) 掌握电导率法测定硫酸钡溶度积的原理和方法；

(2) 进一步掌握电导率仪的使用方法。

二、设计要求

(1) 熟悉电导率测定及相关仪器的使用方法(参见第四章第六节)；

(2) 设计一种用电导率法测定 30 ℃时微溶盐硫酸钡的溶度积 $K_{sp}^{\ominus}$ 的实验方案(包括实验目的、实验原理、仪器与试剂、实验步骤)；

(3) 计算出 30 ℃时微溶盐硫酸钡的溶度积 $K_{sp}^{\ominus}$ 及溶解度 c，写出实验报告，总结所设计实验的优缺点，提出改进意见。

三、设计提示

微溶盐在水中的溶解度很小，用一般的分析方法很难精确测定其溶解度。但微溶盐在水中微量溶解的部分是完全电离的，因此，常用测定其饱和溶液电导率来计算其溶解度。

微溶盐的溶解度很小，其饱和溶液可近似看作是无限稀释，饱和溶液的摩尔电导率 Λ_m 与微溶盐无限稀释溶液中的摩尔电导率 Λ_m^∞ 近似相等。即

$$\Lambda_m = \Lambda_m^\infty \tag{3-29-1}$$

Λ_m^∞ 可根据科尔劳斯(Kohlrausch)离子独立运动定律求得。

在一定温度下，电解质溶液的摩尔电导率 Λ_m、浓度 c 与电导率 κ 的关系为

$$\Lambda_m = \frac{\kappa}{c} \tag{3-29-2}$$

对微溶盐其溶解度 c(mol/m^3)为

$$c = \frac{\kappa}{\Lambda_m^\infty} \tag{3-29-3}$$

式中，Λ_m^∞ 查手册求得；κ 通过测溶液的电导率和纯净水的电导率求得。由于微溶盐在水中的溶解度很小，其饱和溶液的电导率实际上是盐的电导率和水的电导率的加合，因此，有

$$\kappa_{微溶盐} = \kappa_{溶液} - \kappa_{水} \tag{3-29-4}$$

微溶盐氯化银的溶度积 $K_{sp}^\ominus$ 按下式求得

$$K_{sp}^\ominus = \left(\frac{c}{c^\ominus}\right)^2 \times 10^{-6} \tag{3-29-5}$$

四、仪器与试剂

恒温槽(玻璃恒温水浴和智能数字恒温控制器组成)1 台，电导率仪 1 台，电导池 1 台，铂黑电极 1 个，洗耳球。

二次蒸馏水，硫酸溶液，硫酸钡(AR)，其他常见辅助材料自选。

五、思考题

(1) 比较电动势法和电导率法测定溶度积的实验误差?

(2) 分析影响实验结果的原因?

实验三十　药物有效期的测定

一、实验目的

(1) 了解药物有效期的知识；

(2) 了解药物有效期的测定方法及原理；

(3) 了解并掌握药物水解反应有效期的近似测定方法。

二、设计要求

(1) 查阅资料了解药物有效期的测定方法及原理，了解药物水解反应有效期的近似测定方法；

(2) 根据资料确定反应条件：确定所有原料、仪器设备需求(包括实验装置图)，设计确立反应条件；

(3) 以硫酸链霉素在碱性条件下水解反应为例，考察不同温度下药物有效期的变化，确定反应进程的测定方法和实验数据的处理方法；

(4) 测定不同温度下反应的吸光度随时间的变化。

三、设计提示

药物比如抗生素、中成药和生物制剂等，若放置时间过长或存放方法不当，都会导致药

性发生变化，降低疗效，甚至产生毒副作用，对人体健康带来潜在的危害。为了避免失效，药物必须规定有效期和存放方式。药物的有效期一般是指当药物分解掉原含量的10%时所需要的时间 $t_{0.9}$，可通过升温时测定一定时间的分解率来确定。一般情况下，可以认定药物水解反应属于准一级反应，即浓度改变不影响每小时该药物水解的百分数或该药物水解百分数与初始浓度无关。令水解率 $x=\frac{c_0-c}{c_0}$，则有

$$\ln\frac{1}{1-x}=kt$$

式中，c_0是反应开始时药物的浓度；c 为反应一定时间时药物的浓度；k 为反应速率常数。

本实验溶液浓度的测量是借助于分光光度计完成的，因为硫酸链霉素在碱性条件下水解得到麦芽酚，后者在酸性条件下与 Fe^{3+} 结合生成淡紫色螯合物。

四、仪器与试剂

分光光度计，超级恒温槽。

硫酸链霉素（AR），NaOH（AR），铁试剂（AR），H_2SO_4（AR）。

五、思考题

（1）分析硫酸链霉素的药用机理。

（2）说明硫酸链霉素水解产物的显色原理。

（3）如何确定硫酸链霉素水解反应的速率常数？

实验三十一　废电池的回收和综合利用

一、实验目的

（1）了解电池的种类及构造结构；

（2）了解一次电池对环境的危害及一次电池的回收方法。

二、设计要求

（1）查阅废电池回收利用技术，制定从锌锰干电池中提取氯化铵、二氧化锰的实验方案；

（2）查阅废电池收集以后的环境无害化处理技术；

（3）如何加大废旧电池对环境和人类身心危害的认识，树立废旧电池必须回收利用的观念。

三、设计提示

在科技高速发展的今天，电子器械和各种便携设备日益普及，电池在生产生活中的地位和作用与日俱增，其使用量亦随之大幅度上升。干电池也称一次电池，即电池中的反应物质在进行一次电化学反应放电之后就不能再次使用了。

如锌锰干电池：

$$Zn|ZnCl_2,NH_4Cl(\text{糊状})\|MnO_2|C(\text{石墨})$$

其优点有：① 开路电压为 1.55～1.70 V；② 原材料丰富，价格低廉；③ 型号多样 1 号～5 号；④ 携带方便，适用于间歇式放电场合。其缺点是：在使用过程中电压不断下降，不能提供稳定电压，且放电功率低，比能量小，低温性能差，在－20 ℃即不能工作。在高寒地区只可使用碱性锌锰干电池。

锂-铬酸银干电池：

$$Li|LiClO_4,PC|Ag_2CrO_4|Ag$$

它是一种采用有机电解质的小型新型电池，由于它具有单位体积含能量高、体积小、稳定性好、能长期贮存等优点，可广泛应用于微电流工作的仪器中，是一种很有发展前途的新型干电池。

银锌蓄电池的比能量大，能大电流放电，耐震，用作宇宙航行、人造卫星、火箭等的电源。充、放电次数可达约100～150次循环。其缺点是价格昂贵，使用寿命较短。

电池在制造过程中耗用了大量的金属，如Zn、Mn、Cu、Pb、Cd、Hg、Ni等，电池用完后，其大多数成分仍以各种形式保留在电池中，如果把废电池当作垃圾丢弃，一方面，其中的Hg、Pb、Cd等金属都是环境保护所严格限制的物质，泄漏到环境中，会造成严重的污染；另一方面，这些有用的金属资源就被白白浪费了。据报道，我国干电池生产年消耗Zn接近25万t，约为年Zn总产量的15%左右，其资源价值十分可观。另外，信息产业的高速发展，产生了大量的电子废弃物，仅全国手机和免提电话每年淘汰的废电池就达千吨之多。其中大量的废镍镉电池、锂电池回收利用价值很大。由于资源紧张和治理环境的需要，世界各国都对废电池的回收利用予以高度的重视，废电池的管理刻不容缓，如何使废电池资源化和无害化已迫在眉睫。

四、思考题

(1) 目前废电池对环境的影响状况如何？

(2) 如何合理回收废电池？

实验三十二　工业含铬废水的处理方法

一、实验目的

(1) 了解工业废水的种类；

(2) 掌握工业电镀废水的处理方法。

二、设计要求

请根据实验室条件，选用一种方法，拟出实验方案，处理实验室提供的含铬废水，并检验是否达到排放标准。

三、设计提示

电镀、制革、纺织和燃料等工业废水中都含有铬的化合物。铬常以Cr(Ⅵ)(CrO_4^{2-}、$Cr_2O_7^{2-}$)与Cr(Ⅲ)(Cr^{3+})的形式存在于水中。Cr是毒性较强的元素之一，Cr(Ⅵ)化合物能引起皮肤溃烂、贫血、肾炎及神经炎。因此含铬废水必须经过处理达到排放标准(我国规定：工业废水中Cr(Ⅵ)的最高排放浓度为0.5 mg/L)才允许排放，否则将会对环境造成极其严重的污染。对含铬废水的处理方法很多，如：离子交换法、电解法、电渗析法、化学还原法等。

四、思考题

(1) 查阅资料了解电镀工业废水对环境的污染情况。

(2) 工业废水的处理方法有哪些？

第四章　实验用主要仪器

第一节　温　度　计

温度是表征系统冷热程度的宏观物理量，用来测量温度的仪器称为温度计。当两个物体处于热平衡时，其温度必然相同，这是温度测量的依据。物质的物理化学特性与温度关系密切，因此准确测量温度对科研、生产至关重要，要确定温度的量值首先需要建立温标。温标即温度数值的表示方法，包括温度间隔的划分与刻度的表示两个方面。国际上先后制定了几种温标。

摄氏温标，一般用 t 表示，单位符号为℃。以水银等作为测温物质，以 101.325 kPa 下冰的熔点为 0 ℃，水的沸点为 100 ℃，认为测温液体的长度随温度而线性变化，在 0 ℃和 100 ℃之间等分为 100 格，每格定为 1 ℃。

热力学温标又称开尔文(Kelvin)温标，以绝对零度(0 K)为最低温度，规定水的三相点的温度为 273.15 K，水的三相点到绝对零度之间的 1/273.15 为热力学温标的一度。热力学温标的符号为 T，单位符号为 K。国际单位制采用的是热力学温标。

热力学温度 T 与摄氏温度 t 的关系为 $T/\mathrm{K}=t/℃+273.15$。

温度计是测温仪器的总称。它利用物质的某一物理性质随温度的变化来标志温度。要求测量的物理性质都与温度呈函数关系且又能严格重现，根据这些特性设计并制作成各类温度计。

温度计的种类很多，常用的温度计有水银温度计、数字贝克曼(Beckmann)温度计、热电偶温度计、电阻温度计、气体温度计、辐射高温计等。按照其用途分有温度测量和温差测量两类。下面将简要介绍几种温度计。

一、水银温度计

水银温度计是实验室里最常用的温度计。它的优点是水银容易制纯，导热率大，比热容小，膨胀系数较均匀，不易附着在玻璃壁上，不透明，便于读数等。水银温度计适用的量程范围是－25 ℃(水银的凝固点是－33.7 ℃)至 357 ℃(水银的沸点是 356.7 ℃)。如果在水银中掺入 8.5％的铊(Tl)，则可以测量到 －60 ℃的低温。用特硬玻璃或石英作管壁，其中充以氮气或氩气，最高温度可测到 750 ℃。

1. 水银温度计的读数误差来源

(1) 水银膨胀不均匀。此项校正较小，一般情况下可忽略不计。

(2) 玻璃球体积的改变。一支精细的温度计，每隔一段时间要作定点校正，以作为温度计本身的误差。

(3) 压力效应。通常温度计读数是相对外界压力为 1 个大气压而言的，故当压力改变时，应对压力产生的影响进行校正。对于直径为 5～7 mm 的水银球，压力系数的数量级为每 101 325 Pa 约 0.1 ℃。

(4) 露丝误差。水银温度计有“全浸”或“非全浸”两种。“全浸”指测量温度时,只有温度计全部水银柱浸在介质内,所示温度才正确。“非全浸”指温度计的水银球及部分毛细管浸在加热介质中。如果一支温度计原来全浸没标定刻度而在使用时未完全浸没的话,由于器外温度与被测体系温度的不同,必然会引起误差。

(5) 其他误差。由于温度计水银球与被测介质达到热平衡需要一定的时间,因此在快速测量时,时间太短容易引起延迟误差。还有因刻度不均匀、水银附着及毛细管现象等引起的辐射误差。

2. 水银温度计的校正方法

(1) 读数校正。以标准水银温度计为标准,与待校正的温度计同时测定某一体系的温度,将对应值一一记录下来,做出校正曲线。也可以利用纯物质的熔点或沸点作为标准,作校正曲线。在使用时利用校正曲线对温度计进行校正。

(2) 露茎校正。“非全浸”的温度计常在背后附有浸入量的校正刻度。一般常用的多是“全浸”温度计,但在使用时往往不可能做到“全浸”状态,因此必须按下列公式进行校正

$$t_c = t + \alpha L(t - t_0) \tag{4-1-1}$$

式中,t_c是温度的正确值;t 是测量温度计的读数值;t_0 为辅助温度计读数(放在露出器外水银柱的一半地方);α 为水银对玻璃的相对膨胀系数(α=0.000 16);L 为测量温度计露出被测系统之外这一段的温度差值,℃。

3. 使用水银温度计的注意事项

(1) 温度计应尽可能垂直放置,以免因温度计内部水银压力不同而引起误差。

(2) 防止骤冷骤热,以免引起破裂和变形。

(3) 不能以温度计代替搅拌棒。

(4) 根据需要,选择不同量程、不同精度的温度计。

(5) 根据需要对温度计进行校正。

(6) 温度计插入体系后,待体系温度与温度计之间的热传导达到平衡后,进行读数。

二、数字贝克曼(Beckmann)温度计

在量热学实验中,温差的测量有时比温度的测量更为重要。精确测量温度变化采用温差测量仪,贝克曼温度计是最常用的一种。水银贝克曼温度计原理简单、形象直观,但使用时易破损,且不能实现自动化控制,特别是在使用前的调节比较麻烦,近年来逐渐被精密电子温差测量仪(也称电子贝克曼温度计)所取代。

精密电子温差测量仪的测温元件是对温度极为敏感的热敏电阻,是由金属氧化物半导体材料制成的,将系统温度的变化转换成电性能变化,测量电性能变化便可测出温度的变化。SWC-Ⅱ数字贝克曼温度计即是其中的一种,它由一支棒状的传感器(又称探头)与数字显示仪表组成,既可测量温度,又可测量温差。

1. 技术指标

测量范围为 −50～150 ℃(可扩展至±199.99 ℃),温度测量分辨率为 0.01 ℃。测定温差的基温范围与温度测量范围相同,温差测量范围为基温 ±20 ℃,分辨率为 0.001 ℃。

2. 使用方法

(1) 操作前准备:测定时首先接通仪器电源,将测温探头插入被测物质中,深度应大于50 mm,然后将前面板上的“断/通”按钮调为“按下”状态,接通仪器。

(2) 测量温差：将面板上“温度/温差”按钮调节为“按下”状态(测定温差，凸起状态为测量温度)，将前面板“测量/保持”按钮调为“测量”状态。根据被测系统的实际测量温度，旋转“基温选择”钮以选择基温，要求读数的绝对值尽可能小(获得有效数字的位数最多)，记录显示器的示数，并设为 T_1。进行测定时，数值显示窗所显示的动态数值为 T_2，则实验前后的温度差 $\Delta T = T_2 - T_1$。

例如，将探头插在温度为 15.5 ℃的水中，若从可测量温差的最大范围考虑，应将基温钮上刻度转至 20 ℃为宜，可测量温差范围为 0～40 ℃，此时显示窗示数为－4.500 左右，表示所测系统温度比基温约低 4.500 ℃。当将基温钮上刻度转至 0 ℃时，显示窗显示 15.500 左右的数值，可测温差范围为 －20～20 ℃。注意，测得某一系统的温差时，在完成所有测量之前基温不能改变。

(3) 温度测量：只需将面板上“温度/温差”按钮调为“温度”状态即可。此时显示的数据值即为被测系统的温度，且数值的末尾显示“℃”。

注意：当被测系统的温度或温差变化很快而无法读数时，可将前面板上“测量/保持”按钮调在“保持”位置以便于记录数据，读数完毕后再按一次按钮，则回到“测量”位置，然后跟踪测量。

3. 注意事项

(1) 本仪器仅适用于 220 V 电源。

(2) 作温差测量时，“基温选择”在一次实验中不允许换挡。

(3) 当跳跃显示“0000”时，表明仪器测量已超量程，检查被测物的温度或传感器是否接好。

(4) 仪器数字不变，可检查仪器是否处于“保持”状态。

三、热电偶温度计

热电偶温度计就是以热电偶为传感器的一种温度计，由热电偶、连接导线和电气测量仪表组成。热电偶是一种感温元件，两种不同材质金属 A 和 B 连接成闭合回路，即构成了热电偶，它能将温度信号转换成电势信号。当 A 和 B 的两个接点处于不同温度 T 和 T_0时，闭合回路中会产生温差电势(塞贝克效应)。温度较高的一端(T)称为测量端或热端(通常焊接在一起)；温度较低的一端(T_0)称为参考端或冷端(通常处于某个恒定的温度下)。热电偶温度计常用于 －200～1 300 ℃的测量，在特殊情况下可以测量 2 800 ℃的高温或 2 K 的低温。热电偶温度计具有结构简单、精密度高、使用方便等优点，尤其适用于远距离测量和进行自动控制。

常用热电偶可分为标准化热电偶和非标准化热电偶两类。标准化热电偶是指国家标准规定了其温差电势与温度的关系、允许误差并有统一的标准分度表的热电偶，它有与其配套的显示仪表可供选用。非标准化热电偶在使用范围或数量级上均不及标准化热电偶，一般也没有统一的分度表，主要用于某些特殊场合的测量。

理论上，任何两种导体都可以制成热电偶，但实际上热电偶材料必须满足以下几点：热电偶材料受温度作用后能产生较高的温差电势，电势和温度之间的关系最好呈线性或近似线性的单值函数关系，能测较高的温度，并在较宽的温度范围内应用，经长期使用后，物理、化学性能及热电特性保持稳定；材料的电阻温度系数要小，电阻率高，导电性能好，热容要小；重现性要好，便于大批生产和互换，便于制定统一的分度表；机械性能好，材质均匀；资源丰富，价格便宜。

标准化热电偶的分度号主要有 S,R,B,N,K,E,J,T 等几种。其中 S,R,B 属于贵金属热电偶，N,K,E,J,T 属于廉金属热电偶。

在使用热电偶测量温度时，一般需要先作一个电势-温度曲线，即所谓的工作曲线。即通过测定水的冰点、水的沸点、一些纯物质的凝固点和熔点等，来确定电势-温度曲线，然后再用于温度的测定。为了提高测量的精度，可将若干个热电偶串联在一起，组成热电堆，灵敏度可以高达 10^{-4}℃。目前，实验室或工业生产中使用的热电偶温度计可直接显示温度，有的还有自动补偿动能，无须固定冷端温度，使用起来很方便。

四、电阻温度计

热电偶一般适用于测量 500 ℃以上的较高温度。对于 500 ℃以下的中、低温度，热电偶的输出热电势很小，这对二次仪表的放大器、抗干扰措施等的要求就很高，否则难以实现精确测量；而且在较低温区域，冷端温度的变化所引起的相对误差也非常突出。所以测量中、低温度一般使用电阻温度计。

与热电偶温度计的测量原理不同，电阻温度计是基于电阻的热效应进行温度测量的。只要测量出感温电阻的阻值变化，就可以测量出温度。目前主要有金属热电阻温度计和半导体热敏电阻温度计两类。

用于制作电阻温度计的材料有铂、铜等纯金属，铁-铑、铂-钴等合金材料，锗、硅等半导体材料，以及铁、镍等金属氧化物和氧化物混合物。

以过渡金属氧化物的混合物为材质的热敏电阻温度计，感温元件是热敏电阻。用于低温测量的元件由锰、镍、钴、铜、铬、铁等氧化物混合烧结而成，具有负温度系数；用于高温测量的元件由钴等稀土元素氧化物混合烧结而成，具有正温度系数。

热敏电阻输出信号大，特别是低温测量时具有很大的负温度系数，因此其灵敏度比热电偶温度计与金属热电阻温度计高。另外因其体积小、结构简单、便于成型、热容量小、响应时间短，可作为点温或表面温度及快速变化的温度测量，其测量结果重现性好。它的缺点是测温范围窄，与金属热电阻元件相比稳定性差。

第二节　凝固点测定实验装置

固体溶剂与溶液呈平衡时的温度称为溶液的凝固点。通常测凝固点的方法是将已知浓度的溶液逐渐冷却成过冷溶液，然后使溶液结晶。当晶体生成时，放出的凝固热使体系（溶液）温度回升，当放热与散热达到平衡时，温度不再变化，此固液两相达成平衡的温度即为溶液的凝固点。SWC-LGD 凝固点实验装置就是根据这个原理来进行凝固点测定的。本装置将冰点仪、温度温差仪、搅拌器等集成一体，可选配 RS-232C 串行口或 USB 2.0 接口，配备凝固点实验软件，可方便地与电脑连接，测量、观察与绘制图形。

一、实验装置

实验装置如图 2-7-2 和图 4-2-1 所示。

二、技术条件

1. 技术指标

温度测量范围：－50～150 ℃；温度分辨率：0.01 ℃；温差测量范围±19.999 ℃；温差分

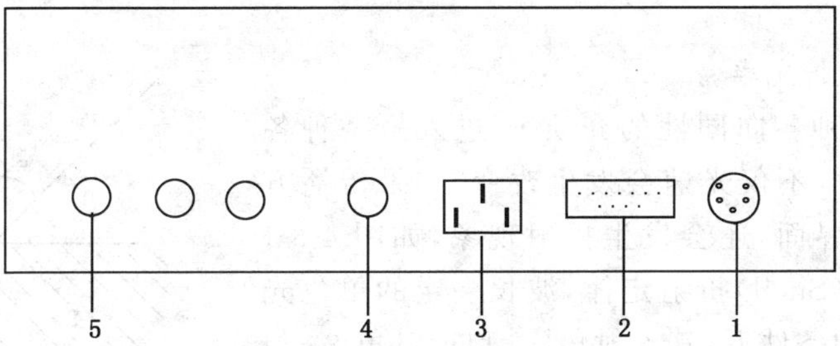

图 4-2-1　后面板示意图

1——传感器插座；2——USB 接口；3——电源插座（内含 2A 保险丝）

4——保险丝座（0.5 A）（电机保护）；5——放水口

辨率：0.001 ℃；输出信号：RS-232C 串行口、USB 2.0 接口（可选配）。

2. 使用条件

电源：～220 V±10%，50 Hz；环境：温度－5～50 ℃，湿度≤85%，无腐蚀性气体的场合。

三、使用方法

使用方法见实验七的实验步骤。

四、维护及注意事项

(1) 实验过程中一般用“慢”挡搅拌，只有在过冷且晶体大量析出时采用快挡搅拌，以促使体系快速达到热平衡。

(2) 实验的环境气氛和溶剂、溶质的纯度都直接影响实验的效果。

(3) 冰浴槽温度应低于溶液凝固点 3 ℃为佳。一般控制在低于 3.5 ℃左右。本装置使用自动搅拌。

(4) 传感器和仪表必须配套使用（传感器探头编号与仪表的出厂编号应一致），以保证检测的准确度；否则，温度检测准确度将有所下降。

(5) 冰浴中冷剂的冰面应高于样品液面，但不要过高。

(6) 冰浴中的水没有完全排空前，禁止将仪器侧倒。

(7) 由于慢速搅拌时，阻力较大，不容易启动，所以先拨到“快”挡搅拌，启动后再拨到“慢”挡搅拌。

(8) 如电机不搅拌，请检查 0.5 A 保险丝是否熔断；如熔断请更换。

第三节　阿贝折光仪

阿贝折光仪可直接用来测定液体的折光率，定量地分析溶液的组成，鉴定液体的纯度。同时，物质的摩尔折射度、摩尔质量、密度、极性分子的偶极矩等也都可与折光率数据相关联，因此它也是物质结构研究工作的重要工具。折光率的测量，所需样品量少，测量精度高（折光率可精确到 1×10^{-4}），重现性好。所以阿贝折光仪是教学实验和科研工作中常用的光学仪器，近年来，由于电子技术和电子计算机技术的发展，该仪器品种也在不断更新。下面介绍仪器的工作原理和使用方法，最后简要介绍数字阿贝折光仪。

一、基本原理

1. 折射现象和折光率

当一束光从一种各向同性的介质 m 进入另一种各向同性的介质 M 时，不仅光速会发生改变，如果传播方向不垂直于 m/M 界面，还会发生折射现象，如图 4-3-1 所示。根据斯涅耳(Snell)折射定律，波长一定的单色光在温度、压力不变的条件下，其入射角 α_m 和折射角 β_M 与这两种介质的折光率 n(介质 M)、N(介质 m)成下列关系，即

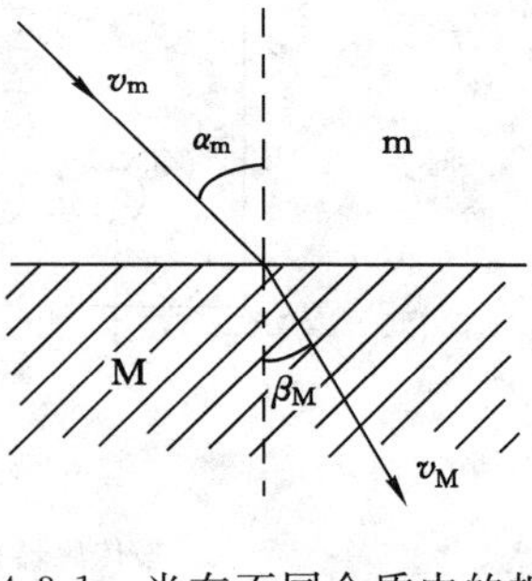

图 4-3-1 光在不同介质中的折射

$$\frac{\sin\alpha_m}{\sin\beta_M}=\frac{n}{N} \tag{4-3-1}$$

如果介质 m 是真空，因规定 $N_{真空}=1$，故

$$n=\frac{\sin\alpha_{真空}}{\sin\beta_M}$$

n 称为介质 M 的绝对折光率。如果介质 m 为空气，则 $N_{空气}=1.000\ 27$(空气的绝对折光率)，因此

$$\frac{\sin\alpha_{空气}}{\sin\beta_M}=\frac{n}{N_{空气}}=\frac{n}{1.000\ 27}=n' \tag{4-3-2}$$

n' 称为介质 M 对空气的相对折光率。因 n 与 n' 相差甚小，所以通常就以 n' 值作为介质的绝对折光率，但在精密测定时，必须校正。

折光率以符号 n 表示，由于 n 与波长有关，因此在其右下角注以字母表示测定时所用单色光的波长，D、F、G、C、…分别表示钠的 D(黄)线、氢的 F(蓝)线、G(紫)线、C(红)线等；另外，折光率又与介质温度有关，因而在 n 的右上角注以测定时的介质温度(摄氏温标)。例如 n_D^{20} 表示在 20 ℃时该介质对钠光 D 线的折光率。

2. 阿贝折光仪测定液体介质折光率的原理

阿贝折光仪是根据临界折射现象设计的，其原理如图 4-3-2 所示。试样 m 置于测量棱镜 P 的镜面 F 上，而棱镜的折光率 n_P 大于试样的折光率 n。如果入射光 1 正好沿着棱镜与试样的界面 F 射入，其折射光为 1′，入射角 $\alpha_1=90°$，折射角为 β_c，此即称为临界角，因为再没有比 β_c 更大的折射角了。大于临界角的构成暗区，小于临界角的构成亮区。因此 β_c 具有特征意义，根据式(4-3-3)，可得

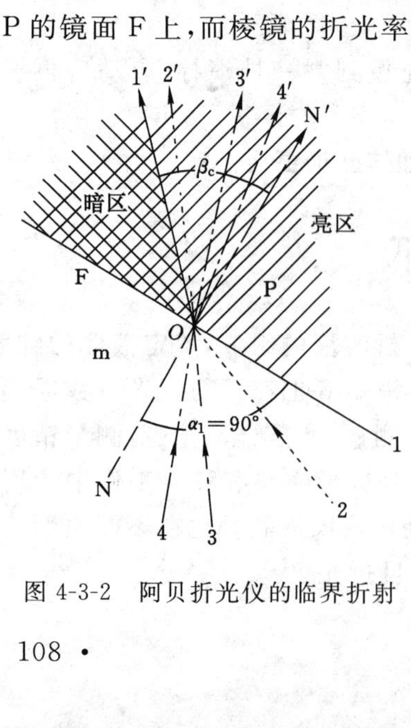

图 4-3-2 阿贝折光仪的临界折射

$$n=n_P\frac{\sin\beta_c}{\sin 90°}=n_P\sin\beta_c \tag{4-3-3}$$

显然，如果已知棱镜 P 的折射率 n_P，并且在温度、单色光波长都保持恒定值的实验条件下，测定临界角 β_c，就能算出被测试样的折射率 n。

3. 仪器结构

图 4-3-3(a)是一种典型的阿贝折光仪的结构示意图，图 4-3-3(b)是它的外形图(辅助棱镜呈开启状

态）。其中心部件是由两块直角棱镜组成的棱镜组，下面一块是可以启闭的辅助棱镜，其斜面是磨砂的，液体试样夹在辅助棱镜与测量棱镜之间，展开成一薄层。光由光源经反射镜反射至辅助棱镜，磨砂的斜面发生漫射，因而从液体试样层进入测量棱镜的光线各个方向都有，从测量棱镜的直角边上方可观察到临界折射现象。转动棱镜组转轴的手柄，调节棱镜组的角度，使临界线正好落在测量望远镜视野的×形准丝交点上。由于刻度盘与棱镜组的转轴是同轴的，因此与试样折光率相对应的临界角位置能通过刻度盘反映出来。刻度盘上的示值有两行，一行是在以日光为光源的条件下将 β_c 值和 n_P 值直接换算成相当于钠光 D 线的折光率 n_D(1.300 0～1.700 0)；另一行为 0～95%，它是工业上用折光仪测量固体物质在水溶液中浓度的标度。通常用于测量蔗糖的浓度。

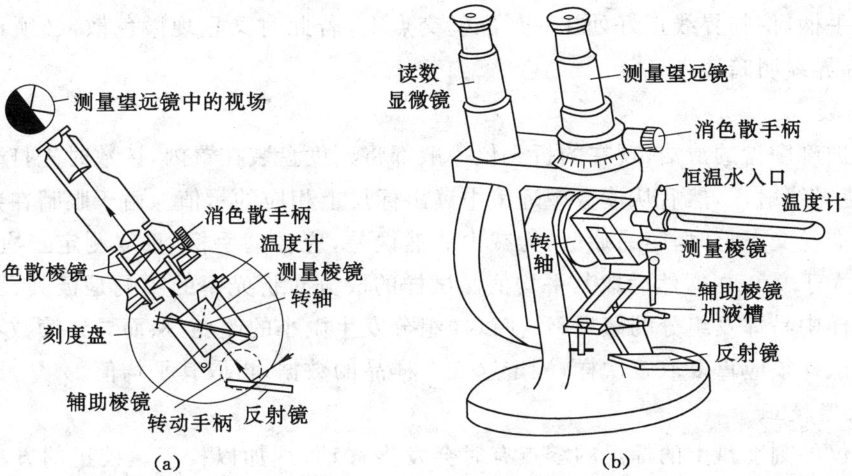

图 4-3-3　阿贝折光仪的构造及外形

为使用方便，阿贝折光仪光源采用日光而不用单色光。日光通过棱镜时由于其不同波长的光的折射率不同，因而产生色散，使临界线模糊。为此在测量望远镜的镜筒下面设计了一套消色散棱镜（Amici 棱镜），旋转消色散手柄，就可使色散现象消除。

二、使用方法

1. 仪器的安装

将折光仪置于靠窗的桌子上或普通白炽灯前。但勿使仪器置于直照的日光中，以避免液体试样迅速蒸发。用橡皮管将测量棱镜和辅助棱镜上保温夹套的进出水口与超级恒温槽串接起来，恒温温度以折光仪上的温度计读数为准，一般选用(20.0±0.1) ℃或(25.0±0.1) ℃。

2. 加样

松开锁钮，开启辅助棱镜，使其磨砂的斜面处于水平位置，用滴管滴加少量丙酮清洗镜面，促使难挥发的污物逸走，用滴管时注意勿使管尖碰触镜面，必要时可用擦镜纸轻轻吸干镜面，但切勿用滤纸。待镜面干燥后，滴加数滴试样于辅助棱镜的毛镜面上，闭合辅助棱镜，旋紧锁钮。若试样易挥发，则可在两棱镜接近闭合时从加液小槽中加入，然后闭合两棱镜，锁紧锁钮。

3. 对光

转动手柄，使刻度盘标尺上的示值为最小，于是调节反射镜，使入射光进入棱镜组，同时从测量望远镜中观察，使视场最亮。调节目镜，使视场准丝最清晰。

4. 粗调

转动手柄，使刻度盘标尺上的示值逐渐增大，直至观察到视场中出现彩色光带或黑白临界线为止。

5. 消色散

转动消色散手柄，使视场内呈现一个清晰的明暗临界线。

6. 精调

转动手柄，使临界线正好处在×形准丝交点上，若此时又呈现微色散，必须重调消色散手柄，使临界线明暗清晰。

7. 读数

为保护刻度盘的清洁，现在的折光仪一般都将刻度盘装在罩内，读数时先打开罩壳上方的小窗，使光线射入，然后从读数望远镜中读出标尺上相应的示值。由于眼睛在判断临界线是否处于准丝交点上时，容易疲劳，为减少偶然误差，应转动手柄，重复测定三次，三个读数相差不能大于0.000 2，然后取其平均值。试样的成分对折光率的影响是极其灵敏的，由于沾污或试样中易挥发组分的蒸发，致使试样组分发生微小的改变，从而导致读数不准确。因此测一个试样须应重复取三次样，测定这三个样品的数据，再取其平均值。

8. 仪器校正

折光仪的刻度盘上的标尺的零点有时会发生移动，须加以校正。校正的方法是用一种已知折光率的标准液体，一般是用纯水，按上述的方法进行测定，将平均值与标准值比较，其差值即为校正值。纯水的$n_D^{20}=1.332\ 5$，在15 ℃到30 ℃之间的温度系数为$-0.000\ 1$/℃。在精密的测定工作中，须在所测范围内用几种不同折光率的标准液体进行校正，并画成校正曲线，以供测试时对照校核。

三、数字阿贝折光仪

数字阿贝折光仪的工作原理与上面讲的完全相同，都是基于测定临界角。它由角度-数字转换系统将角度量转换成数字量，再输入微机系统进行数据处理，而后数字显示出被测样品的折光率。图4-3-4所示是WYA-S型数字阿贝折光仪的外形结构。该仪器的使用颇为方便，内部具有恒温结构，并装有温度传感器，按下温度显示按钮可显示温度。按下测量显示按钮可显示折光率。

四、维护及注意事项

(1) 仪器应放在干燥、空气流通和温度适宜的地方，以免仪器的光学零件受潮发霉。

(2) 仪器使用前后及更换试样时，必须先清洗擦净折射棱镜的工作表面。

(3) 被测液体试样中不可含有固体杂质，测试固体样品时应防止折射棱镜工作表面拉毛或产生压痕，严禁测试腐蚀性较强的样品。

(4) 仪器应避免强烈振动或撞击，防止光学零件振碎、松动而影响精度。

(5) 仪器不用时应用塑料罩将仪器盖上或放入箱内。

(6) 使用者不得随意拆装仪器，如发生故障，或达不到精度要求时，应及时送修。

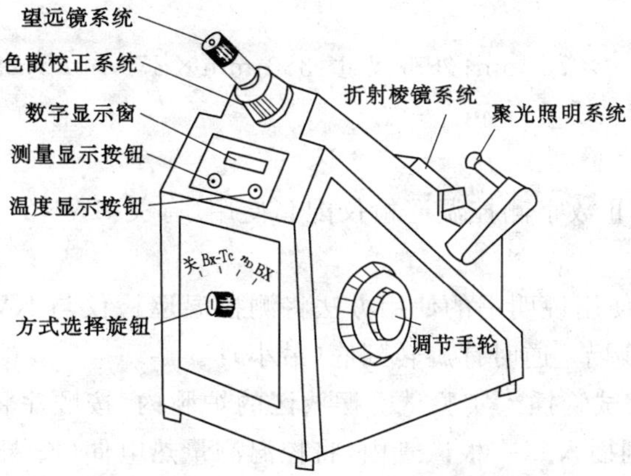

图 4-3-4　WYA-S 数字阿贝折光仪结构示意图

第四节　KWL-10 可控升降温电炉

本设备采用立式加热，专为方便高校师生做金属相图试验而设计。可同时做多组试验，有独立的加热和冷却系统，与 SWKY-Ⅱ配合使用，配以软件可实现金属相图曲线的自动绘制和打印。

一、实验装置

实验装置示意图如图 4-4-1、图 4-4-2 所示。

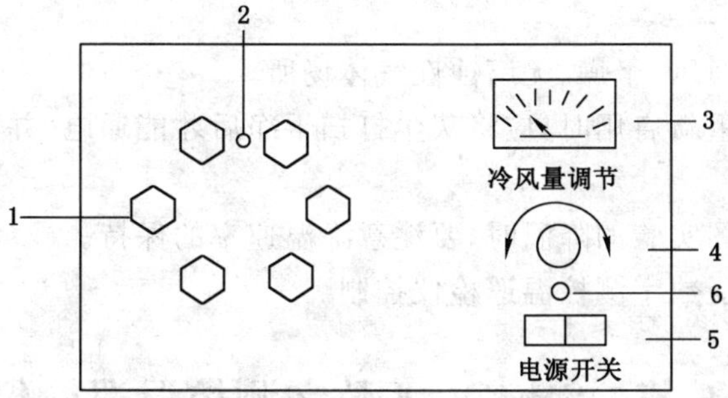

图 4-4-1　前面板示意图

1——实验试管摆放区；2——控温热电偶插入处；3——直流电压表：显示冷风机电压值；4——冷风量调节：调节冷风机工作电压；5——电源开关；6——电源指示灯

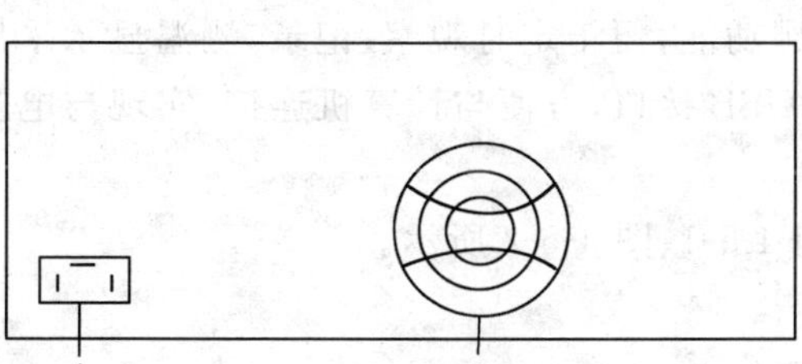

图 4-4-2　后面板示意图

1——对接线接口：与控温仪相连接；2——冷风机排风口

二、技术条件

炉膛尺寸：ϕ120 mm×70 mm；外观尺寸：380 mm×270 mm×250 mm；最大加热功率：1.2 kW；最快升温速度：20 ℃/min。

三、使用方法

本仪器与 SWKY-Ⅱ数字测控温巡检仪配套使用（有关 SWKY-Ⅱ数字测控温巡检仪的使用详见第四节）。

(1) 按 SWKY-Ⅱ使用说明书的使用方法将测控温巡检仪与 KWL-10 可控升降温电炉进行连接。将“冷风量调节”逆时针旋转到底（最小）。

(2) 将装有试剂的试管插入实验试管摆放区的炉膛内，按顺序将控温仪编号为 01～06 的六根测温传感器分别插入每一根试管内，将控温测量热电偶(K)插入炉膛小孔内。

(3) 按 SWKY-Ⅱ使用说明设置控制温度、定时时间。

(4) 当控制温度显示达到所设定的温度并稳定一段时间（即在设置温度的±15 ℃范围内波动），试管内试剂完全熔化后，将 SWKY-Ⅱ数字测控温巡检仪置于置数状态。置数指示灯亮（即巡检仪不对电炉加热），让巡检仪处于自然降温状态（如与电脑连接，点击“开始绘图”）。按 SWKY-Ⅱ数字巡检仪测量温度“选择”键，对 6 组数据进行记录。

注：实验过程中，如 6 组温度降温速率特别慢（降温速率一般为 5 ℃～8 ℃/min 为佳），可稍许调节冷风量，进行降温。

(5) 实验完毕，打开冷风量调节，待温度显示接近室温时，关闭电源。

四、维护及注意事项

(1) 为保证使用安全，必须先用对接线将两仪器“加热器电源”相连，然后将巡检仪与～220 V 电源接通。

(2) 仪器应放置在通风、干燥、无腐蚀性气体场所。

(3) 电炉长期搁置重新启用时，应将灰尘打扫干净后才能通电，并检查由于长期搁置是否有漏电现象。

(4) 在进行金属相图实验的降温时，要注意降温速率的保持。

(5) 电炉的温度只受数字测控温巡检仪控制。

第五节　SWKY-Ⅱ数字测控温巡检仪

SWKY-Ⅱ数字测控温巡检仪采用数字信号处理技术，用单片机对温度信号进行线性处理，具有 Woch Dog 功能。控温采用 PID 自整定技术，自动地按设置调整加热体系，温度控制更为理想，并有定时提醒功能，便于定时观察、记录，测温显示采用巡检方式，可循环观测、记录 6 组数据，并可选配 USB 接口，方便与计算机连接，实现与电脑数据的通讯。

一、实验装置

实验装置示意图如图 4-5-1、图 4-5-2 所示。

二、技术条件

1. 工作环境

电源：AC220 V±10%，50 Hz；温度：－10～50 ℃；湿度：≤85RH%；无腐蚀性气体的场所。

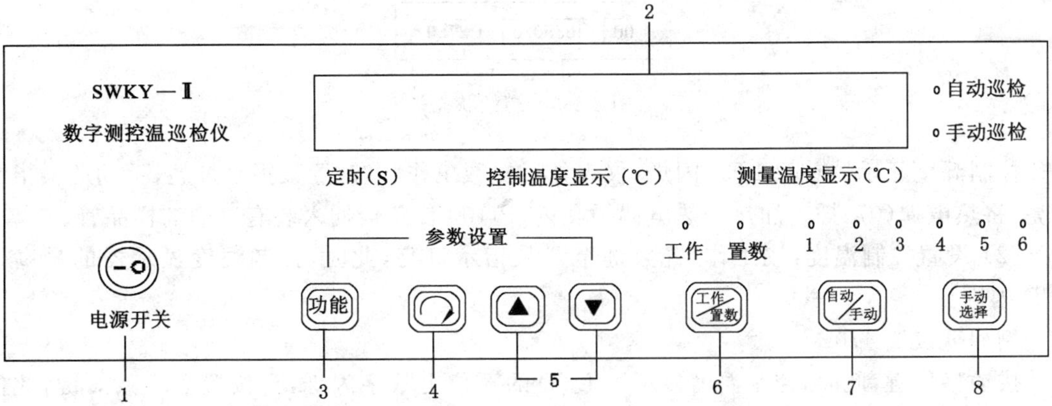

图 4-5-1 前面板示意图

1——电源开关;2——显示窗口;3——功能键(按此键切换定时/控制温度显示窗口的设置);
4——移位键(置数时,按此键进行移位设置);5——置数增减键(置数时对设置值增减);
6——工作/置数切换键(对仪器工作状态进行切换);
7——自动/手动巡检切换键(按此键对仪器自动和手动状态进行切换);
8——手动选择键(在手动状态下按此键可轮流显示 6 组测量温度)

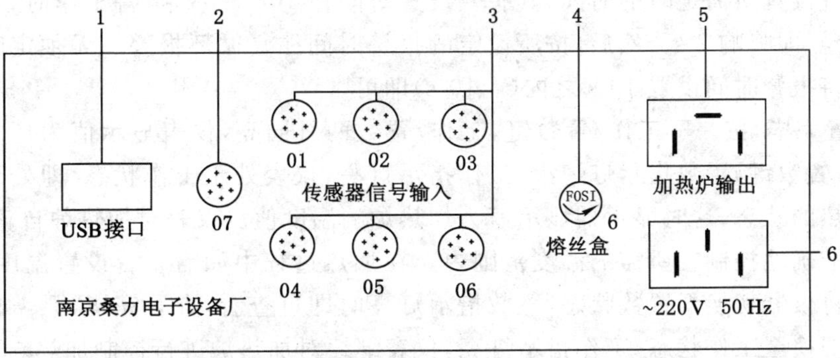

图 4-5-2 后面板示意图

1——USB 接口[计算机接口(可选配)];2——热电偶插座[将热电偶(K)插头插入此座];
3——Pt100 传感器插座[将测温传感器(Pt100)插入此座];4——保险丝(10 A);
5——控制电源输出(与加热炉连接);6——电源插座(与~220 V 电源连接)

2. 指标参数

控温范围:室温~1 100 ℃,分辨率:0.1 ℃;测温范围:-50~450 ℃,分辨率:0.1 ℃。报警时间:10~99 s;功率输出:1.5 kVA。

三、使用方法

(1) 通电检查:用配备的加热炉连接线将 SWKY-Ⅱ数字测控温巡检仪后面板加热炉输出与加热炉对接。将 6 根 Pt100 传感器对应插入后面板上的传感器信号输入插座,即 01-01、02-02、…、06-06,控温热电偶(K)接“07”插座。用配备的电源线将~220 V 与仪器后面板电源插座连接,按下前面板电源开关,此时,显示器和指示灯均应有显示,初始状态如图 4-5-3 所示。

00	0350.0	27.0

图 4-5-3　初始状态

控制温度显示器首位 LED 闪烁，仪表处于置数工作状态，置数指示灯亮，手动巡检指示灯亮，将热电偶(07)插入加热炉热电偶插孔内，Pt100 传感器插入装有试剂的样品管。

(2) 设置控制温度：按工作/置数键至置数指示灯亮，此时，控制温度显示器的最高位 LED 闪烁。

例如欲设置 470 ℃：

按动移位键，此时，控制温度显示器 LED 的百位上数字闪烁，再按置数增减▲键，此位将依次显示“0”、“1”、“2”、“3”、“4”至显示“4”时停止按置数增减▲键。

按动移位键，此时，控制温度显示器 LED 的十位上数字闪烁，再按置数增减▼键，此位将依次显示“9”、“8”、“7”至显示“7”时停止按置数增减▼键。

按动移位键，此时，控制温度显示器 LED 的个位上“0”闪烁。此时即为设定温度 470 ℃。

(3) 定时报警的设置：需定时观测、记录时，按功能键，定时显示 LED 闪烁，置数灯亮，用置数增减键设置所需定时的时间，其有效设置时间在 10～99 s，报警工作时，定时时间递减至零，报警器即鸣响 2 s。然后，按所设定的报警时间往复循环报警。无须定时提醒报警功能时只需将报警时间设置 10 s 之内(＜10 s)即可。

(4) 设置完毕，按一下工作/置数键，工作/置数两灯同亮，仪表显示值为环境温度。再按一下工作/置数键，置数指示灯熄灭，工作指示灯亮，仪表处于工作状态，即处于对加热炉进行控制加热的状态，这时显示器显示值为加热炉的温度值。仪表对加热炉自整定，将加热器温度自动准确地控制在所需的温度范围内。在加热过程中如需查看设置温度，只需按工作/置数键，将仪器切换至置数状态，置数指示灯亮时即可查看，查看完毕，只需再按一下工作/置数键，切换至工作状态，工作指示灯亮，仪表继续对加热炉进行控制加热。

(5) 在控温过程中，如需查看被加热介质的温度，按自动/手动键，手动巡检指示灯亮时，再按手动选择键，仪器将在手动状态下轮流显示 6 组测量温度值。按自动/手动键，自动巡检指示灯亮时，仪器将自动轮流显示 6 组测量温度值。

四、维护及注意事项

(1) 为安全起见，设置温度前，须用连接线将 SWKY-Ⅱ数字测控温巡检仪与加热器先连接好。

(2) 仪器不宜放置在潮湿及有腐蚀性气体的场所，应放置在干燥通风的地方。

(3) 长期搁置，再启用前，一定要将灰尘清洁干净后，将仪器试通电、运行。避免因潮湿、灰尘而引起漏电现象。

(4) 在仪器正常运行过程中，欲观察定时环境温度，只需按工作/置数键，直至工作指示灯、置数指示灯亮时，温度显示窗口显示示值即为实时环境温度。

(5) 仪器在正常运行过程中，只有在置数指示灯亮时，才能改变温度或报警设置。

(6) 传感器和仪器必须配套使用，不可互换！互换虽也能工作，但测控温度的准确度、可靠性必将有所下降。同时，没有专门检测设备的单位和个人，切勿打开机盖调整，更换元器件,以免影响仪器正常使用,造成不必要的损失。

第六节　CD400 型电导率仪

一、准备工作

(1) 安装电极架:电极架由底座金属片、支架和电极夹组成,先将底座金属片安装到仪器底部,注意该金属片可以安装在仪器底部的两侧,旋紧螺丝即可。将支杆旋紧到金属片上,再将电极夹安装到支杆上。

(2) 连接电源适配器:将电源适配器插头插入仪器的“DC9V”插座中并插紧。电源电压应符合适配器上标注的电压要求。适配器插口内径 2.5 mm,电源内“+”外“−”。

二、电导率电极信息

(1) 配置电极:仪器配置 E2211T 型塑壳电导电极,电极常数 $k=1.0$,带有内置的温度传感器,可以实现自动温度补偿(ATC)。电极外壳采用聚碳酸酯工程材料,具有耐腐蚀、抗冲击的特点。

(2) 电极使用:电导电极浸入溶液后,要搅拌晃动几下再静止放置,以排除气泡干扰使测量更加精确和稳定。

(3) 电极插口:电极有两个插口,即 BNC 插口连接电导率传感器,RNC 插口连接温度传感器。将电导电极的两个插头分别插入仪器“COND”接口和“TEMP”接口。注意不要用力拉扯电缆线,否则会接触不良。保持插头洁净干燥,不要用脏手去触摸插头。

三、电导率校准

防止校准溶液污染:电导率校准溶液没有缓冲性,使用时请注意防止污染,电极要清洗干净并甩干才能浸入校准溶液中。校准时如果显示“ERR/”符号,应检查校准溶液是否污染失效。对低浓度的 146.6 μS/cm 校准溶液要特别注意。

电导率仪校准(以 1 408 μS/cm 校准为例):

(1) 用纯水清洗电极并甩干,再用少量校准溶液冲洗,将电极在校准溶液中搅动后静止放置等待读数稳定。

(2) 按 CAL 键,仪器进入校准模式,LCD 右上角显示闪烁的“CAL”,LCD 右下角对校准溶液进行扫描和锁定的过程,在数据被锁定前按 ENTER 键会显示错误信息提示“ERR4”。

(3) 仪器锁定“1 408 μS”时,LCD 将显示“☺”符号,此时按 ENTER 键确认校准值,校准成功,LCD 显示“END”,仪器返回测试模式,LCD 左下角显示“Ⓜ”图标。

(4) 在未确认时想要退出校准模式,请按 CAL 键,仪器返回测量模式没有校准。

(5) 如要进行多点校准,请重复(1)～(4)步骤,至所有的校准都完成。仪器可以重复校准,直至显示值稳定和重复。

四、溶液电导率测量

将电导电极洗净并甩干,放入溶液中,搅动后静止放置,等测量值稳定并显示“☺”图标时读数,即为该溶液的电导率值。

五、参数设置

(1) 选择电导率标准溶液

① 按[MODE]键仪器进入 P1 模式。

② 按[△]或[▽]键选择标准溶液。

③ 按[MODE]键进入下一项参数设置或按[ENTER]键确认并返回测量模式。

(2) 选择电导率电极常数

选择合适的电极常数 K=0.1、0.2 或 10.0,适合所要使用的测量范围。电极常数 K=1.0 适合中间量程的测量;电极常数 K=10 适合高量程的测量(大于 100 mS);电极常数 K=0.1 适合低量程的测量(低于 20 μS)。

① 在 P1 模式下按[MODE]键进入 P2 模式。

② 按[△]或[▽]键改变电极常数值:0.1→1.0→10。

③ 按[MODE]键进入下一项参数设置或按[ENTER]键确认并返回测量模式。

④ P2 的出厂设置为 K=1.0。

(3) 调节温度补偿系数

① 在 P2 模式下按[MODE]键进入 P3 模式。

② 按[△]或[▽]键改变数字大小,数字改变范围:0.00～9.99%;

③ 按[MODE]键进入下一参数设置或按[ENTER]键确认并返回测量模式。

④ P2 的出厂设置是 2.00%/℃。

(4) 选择温度单位

① 在 P3 模式下按[MODE]键进入 P4 模式。

② 按[△]或[▽]键可选择温度单位℃或℉。

③ 按[MODE]键进入下一项参数设置或按[ENTER]键确认并返回测量模式。

(5) 恢复出厂设置(P5)

P5 允许将所有的参数恢复到出厂设置。这一功能将清除所有的校准数据和其他可能改变的设置功能。注意:一旦开启这一功能,仪器的部分设置功能和校准数据都将被擦掉,在启用这一功能时,请注意这一过程是不可逆的。

① 在 P4 模式下按[MODE]键进入 P5 模式。

② 按[△]或[▽]键选择“On”,仪器恢复出厂设置模式并返回测量模式。

六、电导电极的维护和保养

(1) 保持电导电极的清洁,测量前应冲洗电极两次。电导电极浸入溶液后,要搅动几下再静止放置,以排除气泡干扰,使测量值准确和稳定。干燥保存的电导电极测量前应在纯水中浸泡 5～10 min。储存前先用纯水将电极冲洗干净。

(2) E2211T 型电导电极的感应棒表面镀有一层金属铂黑,用以降低电极极化,扩大量程。如发现铂黑的电极失灵,可浸入 10%硝酸溶液或 10%盐酸溶液中 2 min,用纯水冲洗干净再测量,如情况无改善,需更换新的电导电极。

按“复位”键仪器程序初始化，显示为零。

第七节　SDC-Ⅱ$_B$型数字电位差综合测试仪

电动势测量装置是高校物理及化学实验中常用的装置之一。传统的实验装置由电位差计、检流计、工作电源和标准电池四部分组成，系统结构复杂，虽有助于学生理解基本的物理概念，但精度过低。SDC-Ⅱ$_B$型数字电位差综合测试仪既能沿用原装置的测量原理，又能提高测量精度并简化装置的结构。

该仪器将UJ系列电位差计、光电检流计、标准电池等集成一体，体积小，重量轻；电位差值六位显示，数值直观清晰、准确可靠；既可使用内部基准进行校准，又可外接标准电池作基准进行校准；保留了电位差计测量功能，体现了电位差计对比检测误差微小的优势。电路采用对称漂移抵消原理，克服了元器件的温漂和时漂，提高了测量的准确度。

一、技术条件

测量范围：0～±5 V；测量分辨率：10 μV（六位显示）；线性误差：内标为0.05%F.S，外标以外电池精度为准；电源：～220 V±10%，50 Hz；环境温度：−5～40 ℃；湿度：≤85%。

二、以内标为基准进行测量

(1) 开机

用电源线将仪表后面板的电源插座与～220 V电源连接，打开电源开关(ON)，预热15 min，再进入下一步操作。

(2) 校验

① 将“测量选择”旋钮置于“内标”。

② 将测试线分别插入测量插孔内，将“10^0”位旋钮置于“1”，“补偿”旋钮逆时针旋到底，其他旋钮均置于“0”，此时，“电位指标”显示“1.00000”V，将两测试线短接。

③ 待“检零指示”显示数值稳定后，按一下“归零”键，此时，“检零指示”显示为“0000”。

(3) 测量

将“测量选择”置于“断”。用测试线将被测电动势按“＋”、“－”极性与“测量插孔”连接。将“测量选择”置于“测量”，同时进行下列操作。

① 调节“10^0～10^{-4}”五个旋钮，使“检零指示”显示数值为负且绝对值最小。

② 调节“补偿旋钮”，使“检零指示”显示为“0000”，此时，“电位显示”数值即为被测电动势的值。

注意：① 测量过程中，若“检零指示”显示溢出符号“OU.L”，说明“电位指示”显示的数值与被测电动势值相差过大。② 电阻箱10^{-4}挡值若稍有误差可调节“补偿”电位器达到对应值。

(4) 关机：实验结束后关闭电源。

三、以外标为基准进行测量

(1) 开机

用电源线将仪表后面板的电源插座与～220 V电源连接，打开电源开关(ON)，预热15 min，再进入下一步操作。

(2) 校验

① 将“测量选择”旋钮置于“外标”。

② 将已知电动势的标准电池按“+”、“-”极性与“外标插孔”连接。

③ 调节“10^0～10^{-4}”五个旋钮和“补偿”旋钮，使“电位指示”显示的数值与外标电池数值相同。

④ 待“检零指示”数值稳定后，按一下“归零”键，此时，“检零指示”显示为“0000”。

(3) 测量

拔出“外标插孔”的测试线，将“测量选择”置于“断”。用测试线将被测电动势按“+”、“-”极性接入“测量插孔”。将“测量选择”置于“测量”，同时进行下列操作。

① 调节“10^0～10^{-4}”五个旋钮，使“检零指示”显示数值为负且绝对值最小。

② 调节“补偿旋钮”，使“检零指示”为“0000”，此时，“电位显示”数值即为被测电动势的值。

注意：调节挡位时，指示灯常亮，表示挡位未调节到位，请调节至指示灯熄灭。

(4) 关机：实验结束后关闭电源。

注意：在正常测试时，若外界有强电磁干扰，检零显示会显示“OUL”，此时仪器内部保护电路开启，一般情况下，稍等片刻即可自动恢复正常。若长时间不恢复或显示明显异常，说明此干扰程度过于强烈，此时应关闭电源重新开机。

四、维护及注意事项

(1) 置于通风、干燥、无腐蚀性气体的场合。

(2) 不宜放置在高温环境，避免靠近发热源如电暖气或炉子等。

(3) 为了保证仪表工作正常，没有专门检测设备的单位和个人，请勿打开机盖进行检修，更不允许调整和更换元件，否则将无法保证仪表测量的准确度。

第八节　WZZ-2B 自动旋光仪

旋光仪是测定物质旋光度的仪器。通过旋光度的测定，可以分析确定物质的浓度、含量及纯度等，广泛应用于制糖、制药、化工、食品等工业部门及有关高校和科研单位。

一、基本原理

可见光是一种波长为 380～780 nm 的电磁波，由于发光体发光的统计性质，电磁波的电矢量的振动方向可以取垂直于光传播方向上的任意方位，通常叫作自然光。利用某些器件(例如偏振器)可以使振动方向固定在垂直于光波传播方向的某一方位上，形成所谓平面偏振光，平面偏振光通过某种物质时，偏振光的振动方向会转过一个角度，这种物质叫作旋光物质，偏振光所转过的角度叫旋光度。如果平面偏振光通过某种纯的旋光物质，旋光度的大小与下述三个因素有关：

① 平面偏振光的波长 λ，波长不同旋光度不一样。

② 旋光物质的温度 t，不同的温度旋光度不一样。

③ 旋光物质的种类，不同的旋光物质有不同的旋光度。

用一个叫作比旋度的量$[\alpha]_\lambda^t$ 来表示某种物质的旋光能力。$[\alpha]_\lambda^t$ 表示单位长度的某种旋光物质，温度为 t(℃)时，对波长为 λ 的平面偏振光的旋光度。

旋光度与平面偏振光所经过的旋光物质的长度 L 有关，这样在温度为 t 时，长度为 L，具有比旋度为$[\alpha]_\lambda^t$ 的旋光物质对波长为λ 的平面偏振光的旋光度由下式表示

$$\alpha_\lambda^t = [\alpha]_\lambda^t \cdot L \tag{4-8-1}$$

如果旋光物质溶于某种没有旋光性的溶剂中，浓度为c，则下式成立

$$\alpha_\lambda^t = [\alpha]_\lambda^t \cdot L \cdot c \tag{4-8-2}$$

注意：式(4-8-1)和式(4-8-2)中，$[\alpha]_\lambda^t$ 与L 的长度单位必须一致。

若波长一定，在某一标准温度下(例如 20 ℃)，事先已知测试物质的比旋度$[\alpha]_\lambda^t$，测试溶液的长度一定，此时若用旋光仪测定旋光度 α_λ^t，则可由式(4-8-2)计算出溶液中旋光物质的浓度c，即

$$c = \frac{\alpha_\lambda^t}{[\alpha]_\lambda^t \cdot L} \tag{4-8-3}$$

倘若溶质中除含有旋光物质外还含有非旋光物质，则可由配制溶液时的浓度和式(4-8-3)求得旋光物质的浓度c，计算旋光物质的含量或纯度。

1. 温度校正

一般对于所需测试的旋光物质，只给出在某一标准温度(例如 20 ℃)时的比旋度值$[\alpha]^{20\,℃}$及其容限，但在测试时，由于条件所限，测试温度可能不是 20 ℃而是t(℃)，此时不能直接应用式(4-8-3)。通常在一定的温度范围内，旋光度随测试温度变化而变化，并且具有良好的线性关系，即在温度t时旋光度$[\alpha]^t$、在 20 ℃时旋光度$[\alpha]^{20\,℃}$和旋光温度系数K有如下关系

$$\alpha_\lambda^t = [\alpha]_\lambda^{20\,℃} \cdot L \cdot c[1 + K(t - 20\ ℃)] \tag{4-8-4}$$

如果要获得准确的结果，又没有条件严格控制测试温度，进行此项温度校正是绝对必要的。若温度系数K未知，可以在两个不同的温度t_1 和t_2 对同一样品进行测试，获得旋光度值 $\alpha_\lambda^{t_1}$ 和$\alpha_\lambda^{t_2}$，代入式(4-8-4)容易求得温度系数K 。

2. 波长校正

旋光度与使用光波的有效波长的依赖关系是十分强烈的，尽管仪器中使用了光谱灯，但是由于不可避免的谱线背景及其他原因，有效波长还是会随所使用光源的不同，或因使用时间太久而变化，并会引起明显的测数误差，因此有必要校正有效波长。

校正使用的工具是石英校正管，标有在 589.44 nm 波长时，该校正管的旋光度值$\alpha_{589.44\text{ nm}}^{20\,℃}$，若在温度为$t$时，仪器测得该石英校正管的测数$\alpha_{589.44\text{ nm}}^t$为

$$\alpha_{589.44\text{ nm}}^t = [\alpha]_{589.44\text{ nm}}^{20\,℃}[1 + 0.000\,144(t - 20\ ℃)]$$

则说明仪器光源的有效波长与 589.44 nm 一致。若不一致则须调整在仪器中的校正有效波长的装置。为了提高有效波长的校正精度，希望取旋光度大一些的石英校正管作为校正工具。

二、旋光仪工作原理

WZZ-2B 自动旋光仪的工作原理示意图如图 4-8-1 所示。从光源发出的波长为 598.44 nm 的单色光依次通过聚光镜、小孔光阑、场镜、起偏器、法拉第调制器、准直镜。形成一束振动平面随法拉第线圈中交变电压而变化的准直的平面偏振光，经过装有待测溶液的试管后射入检偏器，再经过物镜、滤色片、小孔光阑进入光电倍增管，光电倍增管将光强信号转变为电讯号，并经前置放大器放大。

若检偏器相对于起偏器偏离正交位置，则说明有具有频率为f的交变光强信号，相应

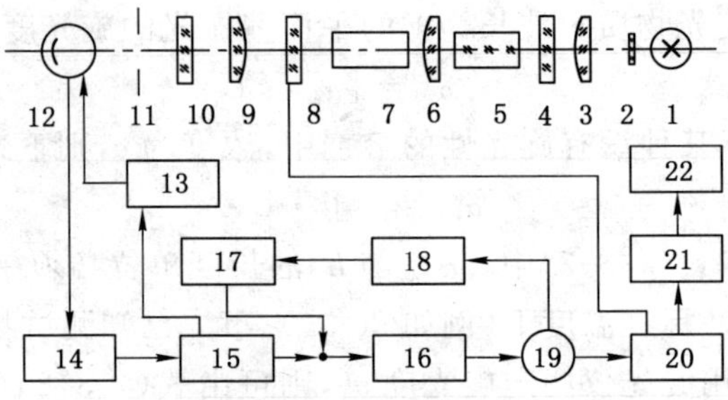

图 4-8-1　WZZ-2B 自动旋光仪的工作原理示意图

1——光源；2——聚光镜；3——场镜；4——起偏器；5——调制器；6——准直镜；7——试管；8——检偏器；9——物镜；10——滤色片；11——光阑；12——光电倍增管；13——自动高压；14——前置放大；15——选频放大；16——功率放大；17——非线性控制；18——测速反馈；19——伺服电机；20——机械传动；21——模数转换；22——数字显示

地有频率 f 的电信号，此电信号经过选频放大、功率放大，驱动伺服电机通过机械传动带动检偏器转动，使检偏器向正交位置趋近直到检偏器到达正交位置，频率为 f 的电信号消失，伺服电机停转。

仪器一开始正常工作，检偏器即按照上述过程自动停在正交位置上，此时将计数器清零，定义为零位，若将装有旋光度为 α 的样品的试管放入试样室中时，检偏器相对于入射的平面偏振光又偏离了正交位置 α 角，于是检偏器按照前述过程再次转过 α 角获得新的正交位置。模数转换器和计数电路将检偏器转过的 α 角转换成数字显示，于是就测得了待测样品的旋光度。

三、使用方法

(1) 安放仪器

本仪器应放在正常的照明、室温和湿度条件下使用，防止在高温高湿的条件下使用，避免经常接触腐蚀性气体，否则将影响使用寿命，承放本仪器的基座或工作台应牢固稳定，并基本水平。

(2) 接通电源

将随机所附电源线一端插入 220 V 50 Hz 电源(最好是稳压电源)，另一端插入仪器背后的电源插座。

(3) 准备试管

(4) 清零

在已准备好的试管中注入蒸馏水或待测试样的溶剂，放入仪器试样室的试样槽中，按下“清零”键，使显示为零。一般情况下本仪器如在不放试管时示数为零，放入无旋光度溶剂后(例如蒸馏水)测数也为零，但须注意倘若在测试光束的通路上有小气泡或试管的护片上有油污、不洁物或将试管护片旋得过紧而引起附加旋光数，则将会影响空白测数。在有空白测数存在时，必须仔细检查上述因素或者用装有溶剂的空白试管放入试样槽后再清零。

(5) 测试

除去空白溶剂，注入待测样品，将试管放入试样室的试样槽中，仪器的伺服系统动作，液晶屏显示所测的旋光度值，此时液晶屏显示“1”。注意：试管内腔应用少量被测试样冲洗 3～5 次。

（6）复测

按"复测"键一次，液晶屏显示"2"，表示仪器显示的是第二次测量结果。再次按"复测"键，显示"3"，表示仪器显示的是第三次测量结果。按"1 2 3"键，可切换显示各次测量的结果。按"平均"键，显示平均值，液晶屏显示"平均"。

（7）复位

按"复位"键仪器程序初始化，显示为零。

第九节　DP-AW-Ⅱ表面张力实验装置

溶液表面可发生吸附作用，当溶液中溶有其他物质时，其表面张力即发生变化。本装置采用最大泡压法测定液体的表面张力（即溶液的界面张力）。

一、基本原理

如图 4-9-1 所示，当表面张力仪中的毛细管端面与待测液面相切时，液面即沿毛细管上升，把毛细管上端的活塞塞上。此时，微微打开微压调节阀，使压力计显示数值逐个增加，这样毛细管内液面上受到一个比样品管中液面上大的压力，当此压力差在毛细管端面上产生的作用力稍大于毛细管液面的表面张力时，气泡就从毛细管尖端成单泡逸出，这一最大压力差可由显示屏上的数值读出。其关系为 $p_{最大}=p_{系统}-p_{大气}=\Delta p$。如果毛细管的半径为 r，气泡由毛细管口逸出时受到向下的总压力为 $\pi r^2 p_{最大}$。

气泡在毛细管受到表面张力引起的作用力为 $2\pi r\sigma$。刚发生气泡从毛细管口逸出时，上述两个压力相等，即

$$\pi r^2 p_{最大}=\pi r^2\Delta p=2\pi r\gamma \tag{4-9-1}$$

$$\gamma=r\Delta p/2 \tag{4-9-2}$$

若用同一根毛细管，对两种具有表面张力为 γ_1 和 γ_2 的液体而言，则有下列关系

$$\gamma_1/\gamma_2=\Delta p_1/\Delta p_2 \tag{4-9-3}$$

则有

$$\gamma_1=K\Delta p_1 \tag{4-9-4}$$

式中，K 为仪器常数。

因此，以已知表面张力的液体为标准，通过测定最大压差即可求得其他液体的表面张力。

二、实验装置

实验装置的前面板、后面板及三通连接示意图如图 4-9-1～图 4-9-3 所示。

三、使用方法

（1）将毛细管洗净、烘干后备用。

（2）将仪器接通电源，开启仪器开关。在置数状态设置水浴温度，设置完成后仪器切换到加热状态，水浴开始加热。

（3）仪器调零：向样品管中加入样品，将样品管活塞放入样品管中，并将毛细管调节螺栓旋到样品管活塞中（旋入一半即可），然后将毛细管插入样品管中，旋转毛细管调节螺栓，使毛细管管口刚好与液面相切。微压调压阀顺时针旋紧，恒温 5 min 后，按"采零"键（注意：实验过程中只调一次零）。

（4）仪器试漏：把毛细管上端的活塞塞上（注意：为防止系统漏气，毛细管活塞应涂上少

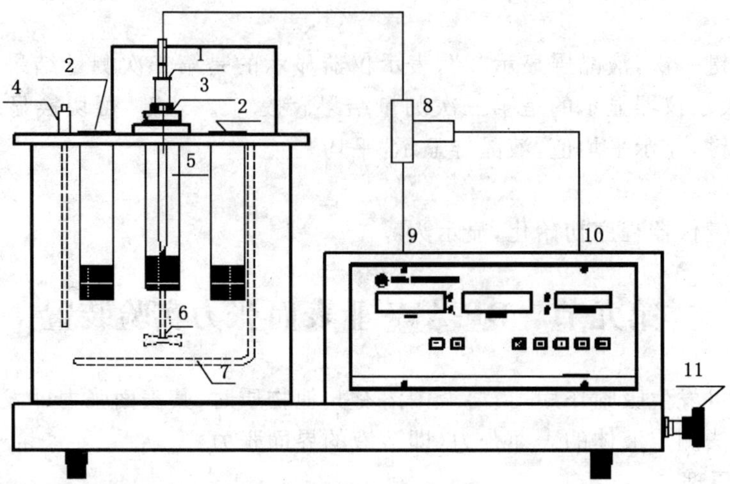

图 4-9-1　前面板示意图

1——毛细管磨口；2——待测样品管；3——液面调节螺栓；4——温度传感器；5——样品管；6——搅拌器；7——加热器；8——三通；9——压力传感器；10——微压调节输出接嘴；11——微压调节阀

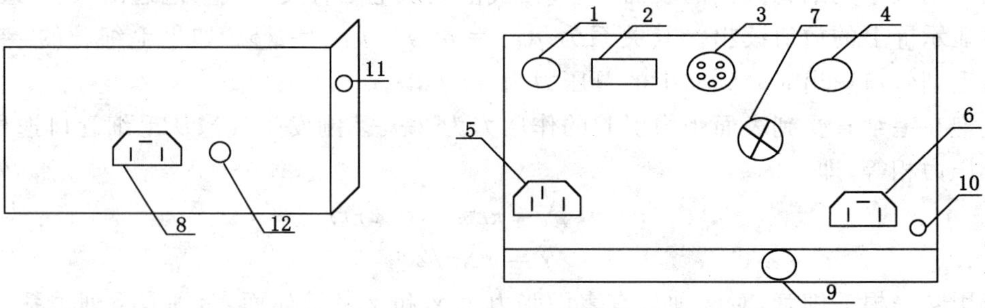

图 4-9-2　后面板示意图

1——电源开关；2——USB 接口[与计算机连接(选配件)]；
3——传感器插座(将温度传感器插头插入此插座)；4——压力接口(被测压力的引入接口)；
5——电源插座带 10 A 保险丝(与～220 V 相接)；6——三芯插座(加热搅拌输出，与水浴罩三芯插座对接)；
7——风扇；8——水浴罩三芯插座；9——微压调节输出接嘴；
10——风扇电源接口(与水浴罩风扇电源接口对接)；11——加热强、弱开关；12——水浴罩风扇电源接口

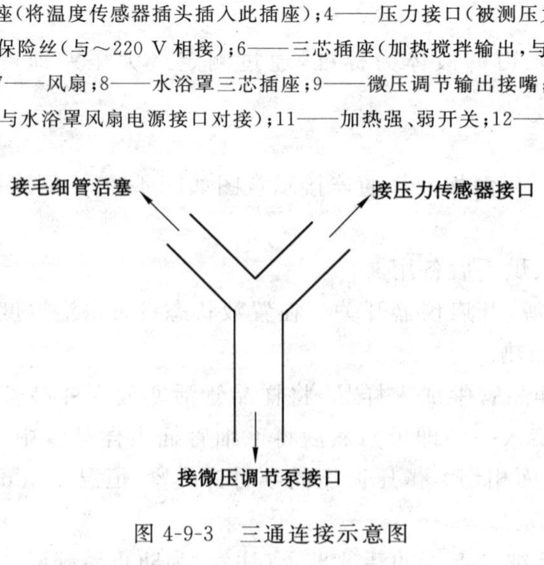

图 4-9-3　三通连接示意图

量凡士林)。此时,打开微压调压阀(顺时针旋为关闭,逆时针旋为打开),使压力计上显示的数值以 10 个字左右变化,当毛细管产生气泡时,关闭微压调节阀。由于内部存储包压力较高,压力通过毛细管不断出泡泄放压力直至毛细管不出泡为止,此时压力数值基本稳定,表示不漏气。

(5) 先以水作为待测液测定仪器常数。方法是将干燥的毛细管垂直地插到毛细管的端点刚好与水面相切,微微打开微压调节阀,使压力计显示数值逐个增加,使气泡由毛细管尖端成单泡逸出,显示屏上显示峰值。

注意:① 起始出泡峰值可能不太稳定。② 由于是微压测量,管路稍有晃动会影响系统压力。

(6) 待测样品表面张力的测定。用待测溶液洗净样品管和毛细管,加入适量样品于样品管中,按照仪器常数测定的方法,测定已知浓度的待测样品的压力差,代入公式计算其表面张力。

(7) 实验完毕,将毛细管上端的活塞取出,关掉电源,洗净玻璃仪器。

注意:① 本装置微压调节阀非常精密和灵敏,调节时要缓慢,不可大幅度调节。② 管路里不能有异物和液体,必须清洁干燥。

四、维护及注意事项

(1) 表面张力实验仪器不宜放置在潮湿的地方,应置于阴凉、通风、无腐蚀性气体的场所。

(2) 为了保证仪器工作正常,没有专门检测设备的单位和个人,请勿打开机盖进行检修,更不允许调整和更换元件,否则将无法保证仪表测量的准确度。

(3) 乳胶管与玻璃仪器、压力计等相互连接时,接口与乳胶管一定要插牢,以不漏气为原则,保证实验系统的气密性。

(4) 清洗毛细管时,须注意不能有清洗液残留在毛细管内,可用洗耳球直接从毛细管顶部吹一下,再用待测溶液润一下毛细管,重复几次即可。

第十节　DYJ 系列电泳实验装置

DYJ 系列电泳实验装置是通过界面移动法来测定溶胶粒子在电场的作用下,发生定向运动的电泳速度计算出 ζ 电位。该实验装置具有使用简便、显示清晰直观、实验数据稳定、可靠等特点,是院校做此实验的理想实验装置。

一、实验装置

实验装置主要由高压数显稳压电源、U 形电泳仪、铂电极和铁架台构成。实验装置的连接示意图及稳压电源的前面板示意图如图 2-22-1 和图 4-10-1 所示。

二、输出电源使用条件

电源:～220 V±10%,50 Hz

环境:温度－5～50 ℃,湿度≤85%;无腐蚀性气体的场合。

三、使用方法

(1) 关紧 U 形电泳仪下端的活塞,用滴管顺着侧管管壁加入 $Fe(OH)_3$溶胶(注意:若发现有气泡逸出,可慢慢旋开活塞放出气泡,但切勿使溶胶流过活塞,气泡放出后立即关闭活

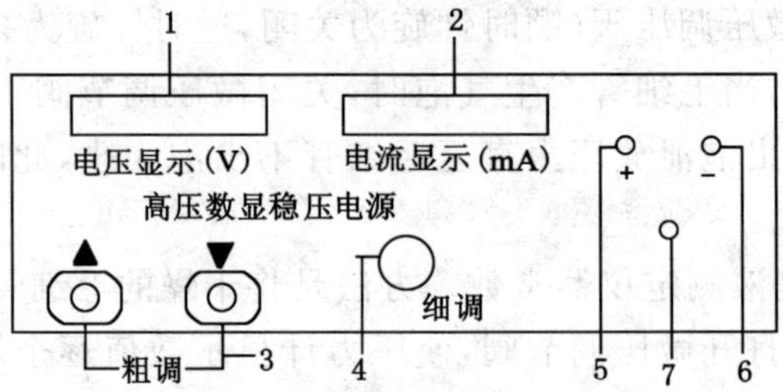

图 4-10-1　稳压电源前面板示意图

1——电压显示窗口(显示输出的实际电压);2——电流显示窗口(显示输出的实际电流);3——粗调按键[粗略调节所需电压("▲"表示升压按键,"▼"表示降压按键),内置电压调节共 9 挡,点击按键 1 次对应 1 挡电压调节];4——细调旋钮(精确调节所需电压);5——正极接线柱(负载的正极接入处);6——负极接线柱(负载的负极接入处);7——接地接线柱

塞)。再从 U 形电泳仪的上口加入适量的辅助液。

(2) 缓慢打开活塞(动作过大会搅混液面,而导致实验重做),使溶胶慢慢上升至适当高度,关闭活塞并记录液面的高度。轻轻将两铂电极插入 U 形电泳仪的辅助液中。

(3) 将高压数显稳压电源的细调节旋钮逆时针旋到底。按"+"、"—"极性将输出线与负载相接,输出线枪式迭插座插入铂电极枪式迭插座尾。将电源线连接到后面板电源插座。

(4) 按图 4-10-1 接好线路,开启电源,点击按键"▲"进行升压,待接近所需电压(50 V)时,再顺时针调节细调旋钮,直至满足要求。同时开始计时,一段时间后,点击按键"▼"进行降压,直至数值显示为最小,再将细调节旋钮逆时针旋到底,然后关闭电源,记录溶胶界面移动的距离,用线测出两电极间的距离,代入公式计算溶胶的电动势 ζ。

四、维护及注意事项

(1) 高压危险,在使用过程中,必须接好负载后再打开电源。

(2) 在调节粗调时,一定要等电压、电流稳定后,再调节下一挡。

(3) 输出线插入接线柱应牢固、可靠,不得有松动,以免高压打火。

(4) 在调节过程中,若电压、电流不变化,是由于保护电路工作,形成死机,此时应关闭电源再重新按操作步骤操作。此状态一般不会出现。

(5) 不得将两输出线短接。

(6) 若负载需接大地,可将负载接地线与仪器面板黑接线柱(⊥)相连。

附录　物理化学实验常用数据表

附表1　　**国际单位制(SI)的基本单位及其导出单位**

物理量名称	单位名称	符号	备注
长度	米	m	SI 基本单位
质量	千克(公斤)	kg	
时间	秒	s	
电流	安[培]	A	
热力学温度	开[尔文]	K	
物质的量	摩[尔]	mol	
光强度	坎[德拉]	cd	
频率	赫[兹]	Hz	$1\ Hz = 1\ s^{-1}$
力	牛[顿]	N	$1\ N = 1\ kg \cdot m/s^2$
压力,压强,应力	帕[斯卡]	Pa	$1\ Pa = 1\ N/m^2$
能,功,热量	焦[耳]	J	$1\ J = 1\ N \cdot m$
电量,电荷	库[仑]	C	$1\ C = 1\ A \cdot s$
功率	瓦[特]	W	$1\ W = 1\ J/s$
电位,电压,电动势	伏[特]	V	$1\ V = 1\ W/A$
电容	法[拉第]	F	$1\ F = 1\ C/V$
电阻	欧[姆]	Ω	$1\ \Omega = 1\ V/A$
电导	西[门子]	S	$1\ S = 1\ \Omega^{-1}$
黏度	帕斯卡秒	Pa・s	$1\ Pa \cdot s = 1\ kg/(m \cdot s) = 1\ N \cdot s/m^2$

附表2　　**常用的单位换算表**

量的名称	单位名称	符号	换算因子
压力	千克力每平方厘米	kgf/cm^2	$1\ kgf/cm^2 = 9.806\ 65 \times 10^4\ Pa$
	达因每平方厘米	dyn/cm^2	$1\ dyn/cm^2 = 0.1\ Pa$
	磅力每平方英寸	bf/in^2	$1\ bf/in^2 = 6.894\ 76 \times 10^{-3}\ Pa$
	标准大气压	atm	$1\ atm = 1.013\ 25 \times 10^5\ Pa$
	巴	bar	$1\ bar = 1 \times 10^5\ Pa$
	托	torr	$1\ torr = 133.322\ 4\ Pa$
	毫米汞柱	mmHg	$1\ mmHg = 133.322\ 4\ Pa$
能量	卡	cal	$1\ cal = 4.184\ J$
	电子伏特	eV	$1\ eV = 1.602\ 189 \times 10^{-19}\ J$
	英制热单位	Btu	$1\ Btu = 1\ 055.056\ J$

续附表 2

量的名称	单位名称	符号	换算因子
黏度	泊	P	1 P=0.1 Pa・s
	厘泊	cP	1 cP=10^{-3} Pa・s

附表 3　　一些物理化学常数

常　　数	符　　号	数　　值①	单　　位
真空中的光速	c_0	2.997 924 58(12)×10^8	m/s
真空电容率(真空介电常数)	ε_0	8.854 187 82(7)×10^{-12}	F/m
基本电荷	e	1.602 177 33(49)×10^{-19}	C
普朗克常数	h	6.626 075 5(40)×10^{-34}	J・s
阿伏加德罗常数	L, N_A	6.022 136 7(36)×10^{23}	mol^{-1}
摩尔气体常数	R	8.314 510(70)	J/(K・mol)
玻耳兹曼常数	$k=R/L$	1.380 658(12)×10^{-23}	J/K
法拉第常数	F	9.648 530 9(29)×10^4	C/mol
重力加速度	g	9.806 65	m/s^2
电子的静止质量	m_e	9.109 389 7(54)×10^{-31}	kg
质子的静止质量	m_p	1.672 623 1(10)×10^{-27}	kg
中子的静止质量	m_n	1.674 928 6(10)×10^{-27}	kg

注:① 括号中数字是标准偏差。

附表 4　　不同温度下水的饱和蒸气压

t/℃	0.0		0.2		0.4		0.6		0.8	
	mmHg	kPa	mmHg	kPa	mmHg	kPa	mmHg	kPa	mmHg	kPa
0	4.579	0.610 5	4.647	0.619 5	4.715	0.628 6	4.785	0.637 9	4.855	0.647 3
1	4.926	0.656 7	4.998	0.666 3	5.070	0.675 9	5.144	0.685 8	5.219	0.695 8
2	5.294	0.705 8	5.370	0.715 9	5.447	0.726 2	5.525	0.736 6	5.605	0.747 3
3	5.685	0.757 9	5.766	0.768 7	5.848	0.779 7	5.931	0.7907	6.015	0.8019
4	6.101	0.813 4	6.187	0.824 9	6.274	0.836 5	6.363	0.848 3	6.453	0.860 3
5	6.543	0.872 3	6.635	0.884 6	6.728	0.897 0	6.822	0.909 5	6.917	0.922 2
6	7.013	0.935 0	7.111	0.948 1	7.209	0.961 1	7.309	0.974 5	7.411	0.988 0
7	7.513	1.001 7	7.617	1.015 5	7.722	1.029 5	7.828	1.043 6	7.936	1.058 0
8	8.045	1.072 6	8.155	1.087 2	8.267	1.102 2	8.380	1.117 2	8.494	1.132 4
9	8.609	1.147 8	8.727	1.163 5	8.845	1.179 2	8.965	1.195 2	9.086	1.211 4
10	9.209	1.227 8	9.333	1.244 3	9.458	1.261 0	9.585	1.277 9	9.714	1.295 1
11	9.844	1.312 4	9.976	1.330 0	10.109	1.347 8	10.244	1.365 8	10.380	1.383 9
12	10.518	1.402 3	10.658	1.421 0	10.799	1.439 7	10.941	1.458 7	11.085	1.477 9
13	11.231	1.497 3	11.379	1.517 1	11.528	1.537 0	11.680	1.557 2	11.833	1.577 6
14	11.987	1.598 1	12.144	1.619 1	12.302	1.640 1	12.462	1.661 5	12.624	1.683 1
15	12.788	1.704 9	12.953	1.726 9	13.121	1.749 3	13.290	1.771 8	13.461	1.794 6
16	13.634	1.817 7	13.809	1.841 0	13.987	1.864 8	14.166	1.888 6	14.347	1.912 8
17	14.530	1.937 2	14.715	1.961 8	14.903	1.986 9	15.092	2.012 1	15.284	2.037 7

续附表 4

t/℃	0.0		0.2		0.4		0.6		0.8	
	mmHg	kPa	mmHg	kPa	mmHg	kPa	mmHg	kPa	mmHg	kPa
18	15.477	2.063 4	15.673	2.089 6	15.871	2.116 0	16.071	2.142 6	16.272	2.169 4
19	16.477	2.196 7	16.685	2.224 5	16.894	2.252 3	17.105	2.280 5	17.319	2.309 0
20	17.535	2.337 8	17.753	2.366 9	17.974	2.396 3	18.197	2.426 1	18.422	2.456 1
21	18.650	2.486 5	18.880	2.517 1	19.113	2.548 2	19.349	2.579 6	19.587	2.611 4
22	19.827	2.643 4	20.070	2.675 8	20.316	2.708 6	20.565	2.741 8	20.815	2.775 1
23	21.068	2.808 8	21.324	2.843 0	21.583	2.877 5	21.845	2.912 4	22.110	2.947 8
24	22.377	2.983 3	22.648	3.019 5	22.922	3.056 0	23.198	3.092 8	23.476	3.129 9
25	23.756	3.167 2	24.039	3.204 9	24.326	3.243 2	24.617	3.282 0	24.912	3.321 3
26	25.209	3.360 9	25.509	3.400 9	25.812	3.441 3	26.117	3.482 0	26.426	3.523 2
27	26.739	3.564 9	27.055	3.607 0	27.374	3.649 6	27.696	3.692 5	28.021	3.735 8
28	28.349	3.779 5	28.680	3.823 7	29.015	3.868 3	29.354	3.913 5	29.697	3.959 3
29	30.043	4.005 4	30.392	4.051 9	30.745	4.099 0	31.102	4.146 6	31.461	4.194 4
30	31.824	4.242 8	32.191	4.291 8	32.561	4.341 1	32.934	4.390 8	33.312	4.441 2
31	33.695	4.492 3	34.082	4.543 9	34.471	4.595 7	34.864	4.648 1	35.261	4.701 1
32	35.663	4.754 7	36.068	4.808 7	36.477	4.863 2	36.891	4.918 4	37.308	4.974 0
33	37.729	5.030 1	38.155	5.086 9	38.584	5.144 1	39.018	5.202 0	39.457	5.260 5
34	39.898	5.319 3	40.344	5.378 7	40.796	5.439 0	41.251	5.499 7	47.710	5.560 9
35	42.175	5.622 9	42.644	5.685 4	43.117	5.748 4	43.595	5.812 2	44.078	5.876 6
36	44.563	5.941 2	45.054	6.006 7	45.549	6.072 7	46.050	6.139 5	46.556	6.206 9
37	47.067	6.275 1	47.582	6.343 7	48.102	6.413 0	48.627	6.483 0	49.157	6.553 7
38	49.692	6.625 0	50.231	6.696 9	50.774	6.769 3	51.323	6.842 5	51.879	6.916 6
39	52.442	6.991 7	53.009	7.067 3	53.580	7.143 4	54.156	7.220 2	54.737	7.297 6
40	55.324	7.375 9	55.910	7.451 0	56.510	7.534 0	57.110	7.614 0	57.720	7.695 0

附表 5　　一些物质的蒸气压与温度的关系

物　质	t/℃	方程及适用温度范围/℃	a	b	c
溴 Br_2	59.2(2)		6.832 78	1 133.0	228.0
四氯化碳 CCl_4	76.6(1)	−19～+20	8.004	33 914	
三氯甲烷 $CHCl_3$	61.3(2)	−30～+150	6.903 28	1 163.03	227.4
甲醇 CH_4O	64.65(1)	−10～+80	8.801 7	38 324	
甲醇 CH_4O	64.65(2)	−20～+140	7.878 63	1 473.11	230.0
醋酸 $C_2H_4O_2$	118.2(2)	0～+36	7.803 07	1 651.2	225
乙醇 C_2H_6O	78.37(2)		8.044 94	1 554.3	222.65
丙酮 C_3H_6O	56.5(2)		7.024 4	1 161.0	200.22
乙酸乙酯 $C_4H_8O_2$	77.06(2)	−20～+150	7.098 08	1 238.71	217.0
乙醚 $C_4H_{10}O$	34.6(2)		6.785 74	994.19	220.0
苯(液)C_6H_6	80.10(1)	0～+42	7.962 2	34	
苯 C_6H_6	80.10(3)	5.53～104	6.897 45	1 206.350	220.237
环己烷 C_6H_{12}	80.74(3)	6.56～105	6.844 98	1 203.526	222.863
正己烷 C_6H_{14}	80.74(1)	−10～+90	7.724	31 679	
正己烷 C_6H_{14}	68.32(3)	−25～+92	6.877 73	1 171.530	224.366
甲苯 C_7H_8	110.63(1)	−92～+15	8.330	39 198	

续附表 5

物　质	t/℃	方程及适用温度范围/℃	a	b	c
甲苯 C_7H_8	110.63(3)	6～136	6.953 34	1 343.943	219.377
苯甲酸 $C_7H_6O_2$	(1)	60～110	9.033	63 820	
萘 $C_{10}H_8$	(1)	0～+80	11.450	71 401	
铅 Pb	(1)	525～1 325	7.827	188 500	
锡 Sn	(1)	1 950～2 270	9.643	328 000	

注：表中所列物质的蒸气压可用以下方程计算

$$\lg \frac{p}{\text{mmHg}}=a-0.052\ 23\times b/T \qquad (1)$$

或

$$\lg \frac{p}{\text{mmHg}}=a-b/(c+t) \qquad (2)$$

式中，p 为蒸气压，t 和 T 分别为摄氏温度和热力学温度，常数 a，b 以及 c 见表。

附表 6　　不同温度下水的密度[①]

t/℃	ρ/(kg/m³)	t/℃	ρ/(kg/m³)	t/℃	ρ/(kg/m³)
0	999.839 5	35	994.031 9	70	977.769 6
1	999.898 5	36	993.684 2	71	977.196 2
2	999.939 9	37	993.328 7	72	976.617 3
3	999.964 2	38	992.965 3	73	976.033 2
4	999.972 0	39	992.594 3	74	975.443 7
5	999.963 8	40	992.215 8	75	974.899 0
6	999.940 2	41	991.829 8	76	974.249 0
7	999.901 5	42	991.436 4	77	973.643 9
8	999.848 2	43	991.035 8	78	973.033 6
9	999.780 8	44	990.628 0	79	972.418 3
10	999.699 6	45	990.213 2	80	971. 797 8
11	999.605 1	46	989.791 4	81	971.172 3
12	999.497 4	47	989.362 8	82	970.541 7
13	999.377 1	48	988.927 3	83	969.906 2
14	999.244 4	49	988.485 1	84	969.265 7
15	999.099 6	50	988.036 3	85	968.620 3
16	998.943 0	51	987.580 9	86	967.970 0
17	998.774 9	52	987.119 0	87	967.314 8
18	998.595 6	53	986.650 8	88	966.654 7
19	998.405 2	54	986.176 1	89	965.989 8
20	998.204 1	55	985.695 2	90	965.320 1
21	997.992 5	56	985.208 1	91	964.645 7
22	997.770 5	57	984.714 9	92	963.966 4
23	997.538 5	58	984.215 6	93	963.282 5
24	997.296 5	59	983.710 2	94	962.593 8
25	997.044 9	60	983.198 9	95	961.900 4
26	996.783 7	61	982.681 7	96	961.202 3
27	996.513 2	62	982.158 6	97	960.499 6
28	996.233 5	63	981.629 7	98	959.792 3
29	995.944 8	64	981.095 1	99	959.080 3

续附表 6

t/℃	ρ/(kg/m³)	t/℃	ρ/(kg/m³)	t/℃	ρ/(kg/m³)
30	995.647 3	65	980.554 8	100	958.363 7
31	995.341 0	66	980.008 9		
32	995.026 2	67	979.457 3		
33	994.203 0	68	978.900 3		
34	994.371 5	69	978.337 7		

注:① 也可用以下方程计算

$$\rho/(\mathrm{kg/m^3})=(999.839\ 52+16.945\ 176t/℃-7.987\ 040\ 1\times10^{-3}t^2/℃^2-46.170\ 461\times10^{-6}t^3/℃^3+105.563\ 02\times10^{-9}t^4/℃^4-280.542\ 5\times10^{-12}t^5/℃^5)/(1+16.879\ 850\times10^{-3}t/℃)$$

附表 7　　一些有机化合物的密度与温度的关系

化合物	ρ_0/(g/cm³)	α	β	γ	误差范围	温度范围/℃
四氯化碳 CCl_4	1.632 55	−1.911 0	−0.690		0.000 2	0～40
氯仿 $CHCl_3$	1.526 43	−1.856 3	−0.530 9	−8.81	0.000 1	−53～+55
甲醇 CH_4O	0.809 09	−0.925 3	−0.41			
乙醇[②] C_2H_6O	0.785 06	−0.859 1	−0.56	−5		10～40
丙酮 C_3H_6O	0.812 48	−1.100	−0.858		0.001	0～50
乙酸甲酯 $C_3H_6O_2$	0.939 32	−1.271 0	−0.405	−6.09	0.001	0～100
乙酸乙酯 $C_4H_8O_2$	0.924 54	−1.168	−1.95	+20	0.000 05	0～40
乙醚 $C_4H_{10}O$	0.736 29	−1.113 8	−1.237		0.000 1	0～70
苯 C_6H_6	0.900 05	−1.063 8	−0.037 6	−2.213	0.000 2	11～72
酚 C_6H_6O	1.038 93	−0.818 8	−0.670		0.001	40～150

注:① 表中所列有机化合物之密度可用下面方程计算

$$\rho_t=[\rho_0+10^{-3}\alpha t+10^{-6}\beta t^2+10^{-9}\gamma t^3]\pm10^{-4}\Delta$$

式中,ρ_0 为 0 ℃时的密度;ρ_t 为 t ℃时的密度。

② 0.785 06 为 25 ℃时的密度,利用上述方程式计算时,温度项应该用($t-25$)代入。

附表 8　　不同温度下水的表面张力

t/℃	σ/(10^{-3}N/m)	t/℃	σ/(10^{-3}N/m)
0	75.64	21	72.59
5	74.92	22	72.44
10	74.22	23	72.28
11	74.07	24	72.13
12	73.93	25	71.97
13	73.78	26	71.82
14	73.64	27	71.66
15	73.49	28	71.50
16	73.34	29	71.35
17	73.19	30	71.18
18	73.05	35	70.38
19	72.90	40	69.56
20	72.75	45	68.74

附表 9　　乙醇水溶液的表面张力

w(乙醇)/%	σ/(10^{-3} N/m)①	w(乙醇)/%	σ/(10^{-3} N/m)②
0.00	72.20	0.000	71.23
2.72	60.79	0.972	66.08
5.21	54.87	2.143	61.56
11.10	46.03	4.994	54.15
20.50	37.53	10.385	45.88
30.47	32.25	17.979	38.54
40.00	29.63	25.00	34.08
50.22	27.89	29.98	31.89
59.58	26.71	34.89	30.32
68.94	25.71	50.00	27.45
77.98	24.73	60.04	26.24
87.92	23.64	71.85	25.05
92.10	23.18	75.06	24.68
97.00	22.49	84.57	23.61
100.00	22.03	95.57	22.09
		100.00	21.41

注:① 25 ℃。

② 30 ℃。

附表 10　　不同温度下水和乙醇的折光率

t/℃	纯水	99.8%乙醇	t/℃	纯水	99.8%乙醇
14	1.333 48		34	1.331 36	1.354 74
15	1.333 41		36	1.331 07	1.353 90
16	1.333 33	1.362 10	38	1.330 79	1.353 06
18	1.333 17	1.361 29	40	1.330 51	1.352 22
20	1.332 99	1.360 48	42	1.330 23	1.351 38
22	1.332 81	1.359 67	44	1.329 92	1.350 54
24	1.332 62	1.358 85	46	1.329 59	1.349 69
26	1.332 41	1.358 03	48	1.329 27	1.348 85
28	1.332 19	1.357 21	50	1.328 94	1.348 00
30	1.331 92	1.356 39	52	1.328 60	1.347 15
32	1.331 64	1.355 57	54	1.328 27	1.346 29

注:① 相对于空气;钠光波长 5.89×10^{-7} m。

附表 11　　一些有机化合物的折光率及温度系数

化　合　物	n_D^{15}	n_D^{20}	n_D^{25}	$10^5\times dn/dt$
四氯化碳 CCl_4	1.463 1	1.460 3	1.459	−55
三溴甲烷 $CHBr_3$	1.600 5			−57
三氯甲烷 CH_3Cl_3	1.448 6	1.445 6		−59
二碘甲烷 CH_2I_2	1.744 3			−64
甲醇 CH_4O	1.330 6	1.328 6	1.326	−40

续附表 11

化　合　物	n_D^{15}	n_D^{20}	n_D^{25}	$10^5 \times dn/dt$
乙醇 C_2H_6O	1.363 3	1.361 3	1.359	−40
丙酮 C_3H_6O	1.361 6	1.359 1	1.357	−49
正丁酸 $C_4H_8O_2$		1.398 0	1.396	
溴苯 C_6H_5Br	1.562 5	1.560 1	1.557	−48
氯苯 C_6H_5Cl	1.527 5	1.524 6		−58
碘苯 C_6H_5I	1.623 0			−55
苯 C_6H_6	1.504 4	1.501 1	1.498	−66
正丁酸乙酯 $C_6H_{12}O_2$		1.400 0		
甲苯 C_7H_9	1.499 9	1.496 9	1.494 1	−57
甲基环己烷 C_7H_{14}	1.425 6	1.423 1	1.421	−47
2,2,4-三甲基戊烷 C_8H_{18}		1.391 5	1.389	
二硫化碳 CS_2	1.631 9	1.628 0		−78

附表 12　　不同温度下水的黏度和介电常数

t/℃	$10^3\eta$/[kg/(m·s)]	ε
0	1.770 2	87.74
5	1.510 8	85.76
10	1.303 9	83.83
15	1.137 4	81.95
17	1.082 8	
19	1.029 9	
20	1.001 9	80.10
21	0.976 4	79.73
22	0.953 2	79.38
23	0.931 0	79.02
24	0.910 0	78.65
25	0.890 3	78.30
26	0.87 03	77.94
27	0.851 2	77.60
28	0.83 28	77.24
29	0.814 5	76.90
30	0.797 3	76.55
35	0.719 0	74.83
40	0.652 6	73.15
45	0.597 2	71.51
50	0.546 8	69.91

附表 13　一些电极的标准电极电势及温度系数

电　极　反　应	$E^{\ominus}/V$①	$(dE^{\ominus}/dT)/(mV/K)$
$Ag^{+}+e^{-}=Ag$	+0.799 1	−1.000
$AgCl+e^{-}=Ag+Cl^{-}$	+0.222 4	−0.658
$AgI+e^{-}=Ag+I^{-}$	−0.151	−0.284
$Ag(NH_3)_2^{+}+e^{-}=Ag+2NH_3$	+0.373	−0.460
$Cl_2(g)+2e^{-}=2Cl^{-}$	+1.359 5	−1.260
$2HClO(aq)+2H^{+}+2e^{-}=Cl_2(g)+2H_2O$	+1.63	−0.14
$Cr_2O_7^{2-}+14H^{+}+6e^{-}=2Cr^{3+}+7H_2O$	+1.33	−1.263
$HCrO_4^{-}+7H^{+}+3e^{-}=Cr^{3+}+4H_2O$	+1.2	
$Cu^{+}+e^{-}=Cu$	+0.521	−0.058
$Cu^{2+}+2e^{-}=Cu$	+0.337	+0.008
$Cu^{2+}+e^{-}=Cu^{+}$	+0.153	+0.073
$Fe^{2+}+2e^{-}=Fe$	−0.440	+0.052
$Fe(OH)_2+2e^{-}=Fe+2OH^{-}$	−0.877	−1.06
$Fe^{3+}+e^{-}=Fe^{2+}$	+0.771	+1.188
$Fe(OH)_3+e^{-}=Fe(OH)_2+OH^{-}$	−0.56	−0.96
$2H^{+}+2e^{-}=H_2(g)$	0.000 0	0
$2H^{+}+2e^{-}=H_2(aq,sat)$	+0.000 4	+0.033
$Hg_2^{2+}+2e^{-}=2Hg$	+0.792	
$Hg_2Cl_2+2e^{-}=2Hg+2Cl^{-}$	+0.267 6	−0.317
$HgS+2e^{-}=Hg+S^{2-}$	−0.69	−0.79
$HgI_4^{2-}+2e^{-}=Hg+4I^{-}$	−0.038	+0.04
$Li^{+}+e^{-}=Li$	−3.045	−0.534
$Na^{+}+e^{-}=Na$	−2.714	−0.772
$Ni^{2+}+2e^{-}=Ni$	−0.250	+0.06
$O_2(g)+2H^{+}+2e^{-}=H_2O_2(aq)$	+0.682	−1.033
$O_2(g)+4H^{+}+4e^{-}=2H_2O$	+1.229	−0.846
$O_2(g)+2H_2O+4e^{-}=4OH^{-}$	+0.401	−1.680
$H_2O_2(aq)+2H^{+}+2e^{-}=2H_2O$	+1.77	−0.658
$2H_2O+2e^{-}=H_2+2OH^{-}$	−0.828 1	−0.834 2
$Pb^{2+}+2e^{-}=Pb$	−0.126	−0.451
$PbO_2+H_2O+2e^{-}=PbO(red)+2OH^{-}$	+0.248	−1.194
$PbO_2+SO_4^{2-}+4H^{+}+2e^{-}=PbSO_4+2H_2O$	+1.685	−0.326
$S+2H^{+}+2e^{-}=H_2S(aq)$	+0.141	−0.209
$Sn^{2+}+2e^{-}=Sn(white)$	−0.136	−0.282
$Sn^{4+}+2e^{-}=Sn^{2+}$	+0.15	
$Zn^{2+}+2e^{-}=Zn$	−0.762 8	+0.091
$Zn(OH)_2+2e^{-}=Zn+2OH^{-}$	−1.245	−1.002

注:① 25 ℃。

附表 14　　常用参比电极的电极电势及温度系数

名　　称	体　　系	E/V①	$(dE/dT)/(mV/K)$
氢电极	$Pt, H_2 \mid H^+ (a_{H^+} = 1)$	0.000 0	
饱和甘汞电极	Hg, Hg_2Cl_2 | 饱和 KCl	0.241 5	−0.761
标准甘汞电极	Hg, Hg_2Cl_2 | 1 mol/L KCl	0.280 0	−0.275
0.1 mol/L 甘汞电极	Hg, Hg_2Cl_2 | 0.1 mol/L KCl	0.333 7	−0.875
银-氯化银电极	$Ag, AgCl$ | 0.1 mol/L KCl	0.290	−0.3
氧化汞电极	Hg, HgO | 0.1 mol/L KOH	0.165	
硫酸亚汞电极	Hg, Hg_2SO_4 | 1 mol/L H_2SO_4	0.675 8	
硫酸铜电极	Cu | 饱和 $CuSO_4$	0.316	−0.7

注：① 25 ℃；相对于标准氢电极（NHE）。

附表 15　　不同温度下饱和甘汞电极（SCE）的电极电势

t/℃	E/V①	t/℃	E/V
0	0.256 8	40	0.230 7
10	0.250 7	50	0.223 3
20	0.244 4	60	0.215 4
25	0.241 2	70	0.207 1
30	0.237 8		

注：① 25 ℃；相对于标准氢电极（NHE）。

附表 16　　甘汞电极的电极电势与温度的关系

甘汞电极①	E/V
SCE	$0.241\,2-6.61\times10^{-4}(t-25)-1.75\times10^{-6}(t-25)^2-9\times10^{-10}(t-25)^3$
NCE	$0.280\,1-2.75\times10^{-4}(t-25)-2.50\times10^{-6}(t-25)^2-4\times10^{-9}(t-25)^3$
0.1 NCE	$0.333\,7-8.75\times10^{-5}(t-25)-3\times10^{-6}(t-25)^2$

注：① SCE 为饱和甘汞电极；NCE 为标准甘汞电极；0.1NCE 为 0.1 mol/L 甘汞电极；相对于标准氢电极（NHE）。

附表 17　　KCl 水溶液的电导率

t/℃	c/(mol/L)②			
	1.000	0.100 0	0.020 0	0.010 0
0	0.065 41	0.007 15	0.001 521	0.000 776
5	0.074 14	0.008 22	0.001 752	0.000 896
10	0.083 19	0.009 33	0.001 994	0.001 020
15	0.092 52	0.010 48	0.002 243	0.001 147
16	0.094 41	0.010 72	0.002 294	0.001 173
17	0.096 31	0.010 95	0.002 345	0.001 199
18	0.098 22	0.011 19	0.002 397	0.001 225
19	0.100 14	0.011 43	0.002 449	0.001 251

续附表 17

t/℃	c/(mol/L)②			
	1.000	0.100 0	0.020 0	0.010 0
20	0.102 07	0.011 67	0.002 501	0.001 278
21	0.104 00	0.011 91	0.002 553	0.001 305
22	0.105 94	0.012 15	0.002 606	0.001 332
23	0.107 89	0.012 39	0.002 659	0.001 359
24	0.109 84	0.012 64	0.002 712	0.001 386
25	0.111 80	0.012 88	0.002 765	0.001 413
26	0.113 77	0.013 13	0.002 819	0.001 441
27	0.115 74	0.013 37	0.002 873	0.001 468
28		0.013 62	0.002 927	0.001 496
29		0.013 87	0.002 981	0.001 524
30		0.014 12	0.003 036	0.001 552
35		0.015 39	0.003 312	
36		0.015 64	0.003 368	

注:① κ 单位 S/cm。

② 在空气中称取 74.56 g KCl,溶于 18 ℃水中,稀释到 1 L,其浓度为 1.000 mol/L(密度为 1.044 9 g/cm^3),再稀释得其他浓度溶液。

附表 18　　一些溶剂的凝固点降低常数

溶　剂	凝固点 t_f/℃	降低常数 K_f/[(℃·kg)/mol]
醋酸 $C_2H_4O_2$	16.66	3.90
四氯化碳 CCl_4	−22.95	29.8
1,4-二噁烷 $C_4H_8O_2$	11.8	4.63
1,4-二溴代苯 $C_6H_4Br_2$	87.3	12.5
苯 C_6H_6	5.533	5.12
环己烷 C_6H_{12}	6.54	20.0
萘 $C_{10}H_8$	80.290	6.94
樟脑 $C_{10}H_{16}O$	178.75	37.7
水 H_2O	0	1.86

主要参考文献

[1] 冯霞,朱丽娜,朱荣娇,等.物理化学实验[M].北京:高等教育出版社,2015.

[2] 刘勇健.物理化学实验[M].徐州:中国矿业大学出版社,2001.

[3] 罗澄源,向明礼,等.物理化学实验[M].4版.北京:高等教育出版社,2004.

[4] 孙尔康,徐维清,邱金恒.物理化学实验[M].南京:南京大学出版社,1998.

[5] 周建敏,蔡洁.物理化学实验[M].北京:中国石化出版社,2013.

[6] 朱万春,张国艳,李克昌,等.基础化学实验:物理化学实验分册[M].北京:高等教育出版社,2017.

[7] 复旦大学编.物理化学实验[M].庄继华,等修订.北京:高等教育出版社,2004.